基礎からの
プログラミングリテラシー

コンピュータのしくみから技術書の選び方まで
厳選キーワードをくらべて学ぶ！

増井敏克
Toshikatsu Masui

技術評論社

●免責

・記載内容について

本書に記載された内容は、情報の提供だけを目的としています。したがって、本書を用いた運用は、必ずお客様自身の責任と判断によって行ってください。これらの情報の運用の結果について、技術評論社および著者はいかなる責任も負いません。

本書に記載がない限り、2019年3月現在の情報ですので、ご利用時には変更されている場合もあります。以上の注意事項をご承諾いただいた上で、本書をご利用願います。これらの注意事項をお読みいただかずにお問い合わせいただいても、技術評論社および著者は対処しかねます。あらかじめ、ご承知おきください。

・商標、登録商標について

本書に登場する製品名などは、一般に各社の登録商標または商標です。なお、本文中にTM、®などのマークは省略しているものもあります。

はじめに

知らない言葉を体系的に学ぶ必要性

　インターネットが普及したことで、わからないことがあると検索するだけで解決策が簡単に見つかるようになってきました。本を買わなくても、インターネットを使うと無料で情報を得られます。

　しかし、そこにはコンピュータの専門用語が立ちはだかります。

- 探したい情報が書かれているWebページを見つけても、そこに書かれている文章が難しくてよくわからない
- 多くの英単語やカタカナが並んでおり、事前知識がないと理解できない
- 探したい技術について詳しくないため、どのようなキーワードで検索すればいいのかわからない

　例えば、メールの送受信について調べてみます。すると、「サーバー」や「クライアント」、「プロトコル」や「IPアドレス」、「SMTP」や「POP」といった言葉が次々出てきます。プログラミングを学ぼうと思っても、「フレームワーク」や「ライブラリ」、「オブジェクト」や「インスタンス」など、直感的にわかりにくい言葉がいくつも登場します。

　このような言葉を1つずつ調べていくのですが、調べれば調べるほどわからない言葉が増えていきます。体系的に学ぼうと書店で本を見てみても、入門書なのに知らない言葉が次から次へと出てきます。「読者として想定されている人のレベルが高い」「知っていることが前提である」という状態です。

　もちろん、丁寧に解説してある本もあるのですが、書店にある膨大な量の本の中から初心者がこのような本を見つけ出すのは大変です。そこで、**本を選ぶ前に知っておきたい知識を整理し、少なくとも入門書は読めるようにする、そして丁寧に書かれている本を書店で見つけ出せるようになること**を考えました。

対象とする読者

　コンピュータ書には、WordやExcelの使い方、年賀状の作成といった一般の人が読む本だけでなく、Webデザインや画像処理ソフトなどデザイナーが使う本もあります。各種資格試験を受験する人のための過去問や解説書などもあるでしょう。

　そんな中で、**この本ではあくまでもプログラマを目指す人を対象にしています。**つまり、仕事でシステム開発に取り組もうと考えている人です。パソコン初心者の方やデザイナーの方などは対象としていませんが、プログラミングについて興味のある方やシステムについて理解したいという方にとっては、参考になる情報が見つかるでしょう。
「プログラマ」と一言で言っても、その業務内容は会社や業種によってまったく異なります。Webアプリの開発をする人、スマホアプリの開発をする人、メインフレームで動くプログラムの開発をする人、デスクトップアプリの開発をする人、など業務で扱う内容によって必要な知識や考えなければならないことはまったく異なります。

　さらに、新たなシステムの開発に設計段階から開発に携わるのか、すでに存在するシステムに対して保守の面で関わるのか、という違いもあります。そのシステムの規模によっても考えることが変わってきます。

　おっと、いきなりプログラマの仕事に踏み込んでしまいましたが、詳しくは本書の4章で解説しています。ここで知っておいていただきたいのは、同じ職場であっても、時代の変化によって求められるスキルは変わってくるということです。新たなプロジェクトに参加すると、これまでWebアプリを作っていた人がスマホアプリの開発に関わることもあるでしょう。もちろん、転職するとまったく違う環境に向けたアプリケーションを開発することも考えられます。

　そのときになって、「新しい環境についてまったく知らない」という状況は通用しません。プログラミングに関する仕事をする以上、それに関わる最低限の知識は持っておく必要があるのです。これをこの本では「プログラミングリテラシー」と考えています。

本書の構成と読み方

　プログラマとして働くときには、プログラミング言語に関する知識や経験があることはもちろん、ハードウェアやネットワーク、データベースなどに関する技術的な知識が求められる場合もあります。これは技術面に限った話ではありません。プログラマとして働く場合には、どのような開発手法があるのか、どのような立場で働くのか、どのような会社を選ぶのか、などビジネス面での違いも知っておかなければなりません。

　そこで、第1章では「コンピュータのしくみ」としてハードウェアを含めた基礎的な用語を、第2章では「プログラムのしくみ」としてプログラミングするときによく使われる用語をまとめています。

　さらに、第3章では「アプリケーションが動くしくみ」としてネットワークやデータベースも含めた用語を解説しています。

　技術面以外として、第4章では「開発スタイルやエンジニアの仕事像」としてプログラマの働き方について紹介し、第5章では「ツールと業界標準」としてプログラマがよく使うツールについて紹介しています。

　最後に、第6章では技術書の選び方のヒントを紹介しています。

　前から順に読んでいただくこともできますが、興味のある章から読んでいただいても構いません。

項目の選択基準

　この本では、プログラミングに関わるすべての人が知っておきたい基本的な用語だけでなく、実務で使われるようなキーワードについて整理するとともに、よく使われているツールについても紹介することを考えました。

　このため、この本ではあくまでも基本的な内容だけを解説しています。ここから先は自分で学ぶことが大切です。このステップアップに必要な本の選び方などについても紹介しています。

　少しずつでもキーワードを覚え、発展的な内容の本も読めるようになることで、現場で活躍できるプログラマが増えることを期待しています。

目次 contents

はじめに ……………………………………………………………………………………… iii
 知らない言葉を体系的に学ぶ必要性 iii ／対象とする読者 iv
 本書の構成と読み方 v ／項目の選択基準 v

第1章 コンピュータのしくみ …………………………………… 001

1.1 ハードウェアとソフトウェア …………………………………… 002
 現代のコンピュータの歴史 003 ／どんなコンピュータにも共通する五大装置 004
 ソフトウェアの役割 005

1.2 OSとアプリケーション …………………………………… 006
 さまざまなOSの登場 007 ／アプリケーションソフトの種類 008
 開発者にとってのOSのメリット 009 ／利用者にとってのOSを使うメリット 009
  コラム WindowsとMac 010

1.3 サーバーとクライアント …………………………………… 012
 役割による違い 013 ／よく使われるサーバーとクライアント 013
 クライアントサーバー型のしくみ 015
  コラム 役割分担がないP2P 015

1.4 ディレクトリとフォルダ …………………………………… 016
 ファイルを分類して保存しよう 017 ／ファイルに適切な名前をつける 018
 ファイルとプログラムを関連付ける拡張子 019 ／拡張子が表示されない場合 020
  コラム 「フォルダ」「フォルダー」「ディレクトリ」の違い 021

1.5 テキストとバイナリ …………………………………… 022
 ファイルはすべて2種類に分けられる 023 ／文字コード表 023
 ソフトウェアが読むためのファイル 024

1.6 文字化けと日本語の文字コード …………………………………… 025
 文字コードによる数値と文字の対応 026 ／英語での文字コードと日本語の文字コード 026
 環境による文字コードの違い 027 ／文字コードの違いによる文字化けの発生 027
 Unicodeの登場 028

1.7 GUIとCUI …………………………………… 030
 GUIの普及 031 ／今でも使われるCUI 031 ／CUIに慣れよう 032

1.8 コマンドラインとシェル …………………………………… 034
 GUIよりも便利なCUIの使い方 035 ／コンソールとターミナルの違い 036
 さまざまな種類があるシェル 036 ／コマンドラインとは 037 ／標準入力と標準出力 037

1.9 環境変数とパス …………………………………… 039
 設定ファイルと環境変数 040 ／システム環境変数とユーザー環境変数の違い 040
 アプリケーションの実行に必要なパス 041 ／パスの設定 041

第2章 プログラムのしくみ　043

2.1 コーディングとプログラミング　044
コンピュータが理解できる言葉 045／プログラミング言語とソースコード 045
プログラミングの一部としてのコーディング 046
Webサイトの作成にも使われるコーディングという言葉 046

2.2 コンパイラとインタプリタ　047
実行時に機械語に変換するインタプリタ 048／事前に機械語に変換するコンパイラ 048
コンパイルとビルド 049／最近のプログラミング言語の特徴 050

2.3 データ構造とアルゴリズム　051
入力と出力を考える 052／最適なデータ構造を検討する 053
コラム 浮動小数点数 053
処理速度や効率が大きく変わるアルゴリズム 054

2.4 変数と定数　055
同じ数字を何度も使うと後が大変 056／プログラム中で変更しない値は定数を使う 057
プログラム中で変更する値は変数を使う 058

2.5 配列と文字列　059
保存する内容で型を決める 060／単純型では表現できないデータ 060
配列の基本的な考え方 061／文字列と配列の違い 061
言語によって違う文字列の表現 062

2.6 キューとスタック　063
配列におけるデータの出し入れ 064／最後に入れたものから取り出すスタック 064
最初に入れたものから取り出すキュー 065／配列を最大限に使うための工夫 066

2.7 手続き型とオブジェクト指向　067
コンピュータは上から下に実行するだけ 068／プログラミングパラダイム 068
処理手順を考える手続き型 069／データを隠すオブジェクト指向 069

2.8 クラスとオブジェクト　071
クラスという設計図 072／実体としてのインスタンス 073
再利用できる継承と動作を変える多態性 074

2.9 フレームワークとライブラリ　076
ビジネスの世界におけるフレームワーク 077
プログラミングの世界におけるフレームワーク 078
最低限の実装で、「動くソフトウェア」を作る 078／便利な機能をまとめたライブラリ 079
フレームワークとライブラリの違い 079／オレオレフレームワーク 080

2.10 MVCとMVVM　081
GUIアプリケーションなどによく使われるMVC 082
データやビジネスロジックを管理する「モデル」083
画面を担当する「ビュー」084／処理を制御する「コントローラ」085

双方向にデータをやりとりするMVVM 085

2.11 APIとシステムコール ……… 087
ソースコードを埋め込む 088／APIによる操作 088
インターネット上で使うAPI 089／OSにおけるシステムコール 090

第3章 アプリケーションが動くしくみ …… 091

3.1 デスクトップアプリとスタンドアロンアプリ ……… 092
インストールが必要なデスクトップアプリ 093／誰でも使えるインストーラを用意する 093
ハードウェアを最大限に活用できる 094
コラム 組込みソフトウェアという分野 095

3.2 Webアプリとスマートフォンアプリ ……… 096
Webアプリの特徴 097／知っておきたいキャッシュの考え方 098
同じ利用者を把握するCookie 098／スマホアプリの特徴 099
自由なデザインが可能なスマホアプリ 100

3.3 プロトコルとTCP/IP ……… 101
異なるコンピュータがやりとりする共通の言葉「プロトコル」102
資格試験などでよく登場する「OSI参照モデル」102
インターネットで標準的に使われる「TCP/IP」103
ルーター、スイッチ、ハブ、ブリッジの違い 105

3.4 IPアドレスとDHCP ……… 106
ネットワークにおける場所を示すIPアドレス 107
複数のアプリケーションを識別するポート番号 107
現在もまだまだ使われるIPv4アドレス 108／IPアドレスを変換する 109
自動的にIPアドレスを付与するDHCP 109／徐々に普及しているIPv6アドレス 110

3.5 ホスト名とDNS ……… 111
IPアドレスが変わっても接続するために 112／ホスト名とIPアドレスを対応づけるDNS 113
手元のコンピュータで試す 114

3.6 HTMLとHTTP ……… 115
Webページを記述するHTML 116／デザインを決めるCSS 117
HTMLなどをやりとりするHTTP 118／プログラマなら知っておきたいステータスコード 119

3.7 SSLとHTTPS ……… 120
通信の内容を秘密にする「暗号化」121／「公開鍵暗号方式」による暗号化 121
認証局によって発行される証明書の必要性 122／Webでよく使われるHTTPSとは 123

3.8 データベースとSQL ……… 124
テキスト形式や表計算ソフトでの管理 125／データベースのメリット 125
リレーショナルデータベースとSQL 126
コラム NoSQLやNewSQLの登場 128

3.9 データセンターとクラウド ……… 129
データセンターの必要性 130／データセンターによるコスト削減 130／クラウドの登場 131

クラウド事業者も利用するデータセンター 132
コラム セキュリティ 132

第4章 開発スタイルと仕事像 …… 133

4.1 フリーソフトとオープンソース …… 134
フリーソフトとシェアウェア 135／オープンソースソフトウェア 136
注意が必要なライセンス 136／オープンソースを使うときの注意点 138

4.2 ウォーターフォールとアジャイル …… 139
ソフトウェア開発の流れ 140／ウォーターフォールの特徴 140
アジャイルの登場 141／アジャイルのリスク 141

4.3 テストとデバッグ …… 142
ソフトウェア開発に必須のテスト 143／網羅するテスト 143
ホワイトボックステストとブラックボックステスト 143
同値分割 144／境界値分析 144
コラム 誰がテストを行うのか 145

4.4 テスト駆動開発とリファクタリング …… 146
テストとテスト駆動開発 147／テストファーストの考え方 147／リファクタリングの実施 148

4.5 バージョンとリリース …… 149
修正によって中身が変わるソフトウェア 150／バージョンを変えて区別する 150
開発段階での公開 151／機能や価格が違うエディション 151

4.6 プログラマとシステムエンジニア …… 152
プログラマの仕事 153／システムエンジニアの仕事 153

4.7 インフラエンジニアとフロントエンジニア …… 155
サーバーサイドエンジニアの仕事 156／ネットワークエンジニアの仕事 156
インフラエンジニアの仕事 157／フロントエンドエンジニアの仕事 157

4.8 SIerとWebエンジニア …… 158
社内で自社製品に関わる 159／顧客のシステムを作り上げるSIer 159
Webエンジニア 160／勉強会やセミナーに参加する 160
スキルでどう差別化するか 161／資格を取得する 161／社内でのステップアップを考える 162

第5章 開発ツールと業界標準 …… 163

5.1 テキストエディタとIDE …… 164
テキストエディタによるスピーディーな開発 165／IDEによる便利な開発環境 165
オンラインで使える開発ツール 166

5.2 gitとSubversion …… 168
ファイルを元に戻すことを考える 169／どうやってバージョンを管理するか 169
バージョン管理システムの登場 170／バージョン管理システムの管理方法 170

元に戻せる安心感 171

5.3 プラグインと拡張機能 …… 172
既存のソフトウェアへの機能追加 173／第三者が提供する便利な機能 173
機能を追加することによるリスク 174

5.4 仮想マシンと設定自動化ツール …… 175
ハードウェアの用意を減らす仮想マシン 176／コンテナ型の「Docker」177
開発者が利用する設定自動化ツール 178

5.5 標準化機関とデファクトスタンダード …… 179
標準に準拠して多くの人に使ってもらう 180／デファクトスタンダードの登場 180
デファクトスタンダードの注意点 181／ネットワーク業界における標準化団体 181

5.6 IETFによるRFC …… 182
IETFとは 183／IETFにおける標準化 183／IETFにおける技術仕様：RFC 184

5.7 ISOとJIS …… 185
国際規格のISO 186／国内のJIS 186
コラム コミュニティへの参加 187

第6章 技術書の種類と選び方 …… 189

6.1 技術書と書店 …… 190
体系的に整理された「書籍」や「雑誌」191／技術書の種類と陳列 191
書店の棚を作り上げる書店員さん 192／書籍のレベル 193

6.2 入門書とその種類 …… 194
入門書の特徴 195／図鑑、図解、マンガ 195／新書とビジネス書 196

6.3 目的別書籍とこれからの技術書 …… 197
ドリル 198／逆引き（リファレンス）198／役職・業務別の書籍 199
プログラミング言語別の書籍 199／電子書籍 199／技術書典 200
コラム 翻訳書 201

6.4 技術書の中身 …… 202
本の概要を把握する「はじめに」203／目次に目を通す 204／索引を活用する 204
著者プロフィールを見て追体験する 204／技術書ができるきっかけ 205
書店に並ぶまでに著者がやること 206

6.5 本の選び方 …… 207
オンライン書店でのランキング 208／刷数 208／POP 209／キャンペーンによる効果 209
多くの人が参考にするレビュー 210／著者で本を選ぶ 210／出版社で本を選ぶ 211
さいごに 211

さくいん …… 212

第 **1** 章

コンピュータのしくみ

第1章 コンピュータのしくみ

1.1 ハードウェアと ソフトウェア

コンピュータ ソフトなければ ただの箱

コンピュータがどのような要素で構成されているのか、そしてなぜそのような構成になったのか、その歴史や役割を知っておきましょう。

現代のコンピュータの歴史

コンピュータは「電子計算機」と訳されることがあるように、電気的に計算して処理することが特徴です。機械式の計算機は19世紀にもありましたが、現代の電子式コンピュータの原形は1946年に公開された「ENIAC（エニアック）」だと言われています。

当時のコンピュータは「プラグボード」と呼ばれる装置を入れ替えることで、実行するプログラムを変えていました。つまり、プラグボードに作られた配線によってプログラムが決められており、プログラムの変更には手間がかかりました。

ENIACのイメージ

一方、ENIACの開発者が後継機として作った「EDVAC（エドバック）」をはじめ、現代のコンピュータの多くは「プログラム内蔵方式」と呼ばれるように、配線を変える必要はありません。このEDVACの開発に関わったジ

ョン・フォン・ノイマンの名前を取って、「ノイマン型」と呼ばれることもあります。この本で「コンピュータ」と書いたときは、このノイマン型コンピュータのことを指します。

　ここで、コンピュータを構成する要素を考えてみましょう。コンピュータの機械そのものや接続されたさまざまな装置のことを**ハードウェア**といいます。日本語では「金物」と訳されることがありますが、金属製の部品だけでなく、ケースなども含めた物理的なものを指します。また、英語の「hard」の対義語である「soft」という言葉を使って、ハードウェアと対比する言葉として**ソフトウェア**があります。一般的にはハードウェア以外を指す言葉で、処理を実行するプログラムや、保存したデータなどが該当します。

どんなコンピュータにも共通する五大装置

　最近はパソコンだけでなく、スマートフォンやタブレット端末、小型ロボットやドローンなど、さまざまな形のコンピュータが登場しています。しかし、どんなコンピュータでも、一般に次の5つの装置（ハードウェア）から構成されています。

- 入力装置：コンピュータにデータや指示を与える装置
  （キーボードやマウス、マイク、タッチパネルなど）
- 出力装置：コンピュータからデータを出力する装置
  （ディスプレイやプリンタ、スピーカー、バイブレーション機能など）
- 演算装置：与えられたデータに対し計算などを行う装置
  （CPUやGPUなど）
- 制御装置：各装置に指示を与えて制御する装置（CPUなど）
- 記憶装置：データなどを記憶、保存する装置
  （メモリ、ハードディスク、SSDなど）

　これらを合わせて**五大装置**といいます。
　それぞれの装置が図のように連携し、やりとりしながらコンピュータは

動作しています。

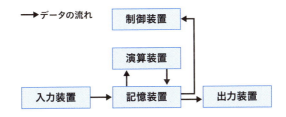

ソフトウェアの役割

「コンピュータ、ソフトなければただの箱」と言われるように、コンピュータはハードウェアだけでは使えません。現代のコンピュータはパソコンに限らずスマートフォンでも、購入する段階で多くのソフトウェアがすでに導入されています。

例えばWebサイトを閲覧するブラウザ、音楽再生ソフトやカメラ機能、電卓やメモ機能など、これらはいずれもソフトウェアです。もちろん、ハードウェアを制御しているのもソフトウェアです。

世の中には音楽プレーヤーやデジタルカメラなど、ハードウェアとソフトウェアが一体になっている製品もあります。しかし、同じハードウェアであっても、異なるソフトウェアを導入することで、まったく違った使い方ができることがコンピュータの特徴です。

ハードウェアは物理的な実体があるため、完成後に問題が見つかった場合に変更するのは大変ですが、ソフトウェアであれば不具合が存在しても、修正したプログラムを配布することで対応できる場合があり、出荷した後の変更も可能です。

 推薦図書

「コンピューター＆テクノロジー解体新書」、Ron White（著）、トップスタジオ（翻訳）、SBクリエイティブ、2015年、ISBN978-4797384291

第1章 コンピュータのしくみ

1.2 OSとアプリケーション

開発者 OSあれば 負担減る

> ソフトウェアは基本ソフトである「OS」と、応用ソフトである「アプリケーション」に分けられます。そのような構成になっている理由を開発者と利用者のそれぞれの立場から考えてみましょう。

さまざまなOSの登場

　コンピュータの歴史を振り返ってみると、古くは特定のハードウェアのみで動作するソフトウェアが当たり前でした。例えば、計算した結果をプリンタで印刷したいと思えば、計算するソフトウェアを作るだけでなく、プリンタの仕様を把握して制御する処理も実装する必要があったのです。これでは、プリンタを他の製品に変えるとそのソフトウェアは使えません。

　特定の目的のために作られたコンピュータであればこれでも十分でしたが、高価なコンピュータを特定の用途だけに使うのは無駄が多いといえます。ハードウェアが変わるたびに一からソフトウェアを作り直すのは大変ですし、新たに開発するには時間もお金もかかってしまいます。

　そこで、1つのハードウェアを複数の用途で使えるように、似たようなハードウェアは同じソフトウェアで使えるように開発したいという要望が出てきます。また、1人で1台のコンピュータを占有するのではなく、複数人で共有して使いたい、という要望も出てきます。

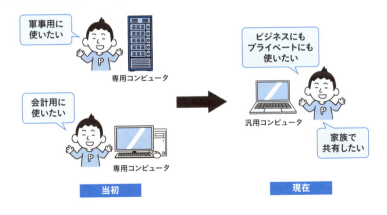

1.2 OSとアプリケーション

そこで、ハードウェアの違いを吸収する基本ソフトウェアとして**OS (Operating System)**が開発されました。Operateは日本語で「操作」と訳されるように、コンピュータのハードウェアとソフトウェアを仲介して操作するためのものです。

ハードウェアの違いを吸収する、という意味だけでは1つのOSがあれば十分なように思えますが、コンピュータの用途によって求められる機能が異なります。最近では、スマートフォンやタブレット端末の登場もあり、これまでとは違った用途に使われるOSが作られています。

最近よく使われているOSとして、以下のような製品があります。

OS名	開発元	特徴
Windows	Microsoft社	市販されているパソコンの多くに搭載されており、利用者が多い。また、一部の企業ではサーバーなどの用途でも使われている。
macOS	Apple社	MacBookやiMacなどのコンピュータに搭載されており、デザイナーやプログラマなどに人気。iPhoneやiPadなどと同様に直感的な操作が可能で、多くの熱狂的なファンがいる。
Linux,FreeBSDなど（UNIX系OS）	オープンソース	企業のサーバーなどで多く使われており、無料で利用できるものも多い。配布元によってさまざまな種類（ディストリビューション）がある。
iOS	Apple社	iPhoneやiPadといったスマートフォンやタブレット端末、iPodといった音楽再生端末などApple社のモバイル製品に搭載されている。採用されているハードウェアの種類は少ないが、古い機種でもアップデートを受けやすい。
Android	Google社	多くのメーカーから提供されているスマートフォンやタブレット端末などに搭載されている。端末が多様なため利用者としては選択肢が多く、独自のハードウェアを搭載している製品もある。

アプリケーションソフトの種類

OSを指す「基本ソフトウェア」の対義語として、OS以外のソフトウェアのことを「応用ソフトウェア」といいます。英語のまま**アプリケーションソフト**ということもあり、略して「アプリ」というのは聞いたことがあるでしょう。OSが提供する機能を土台として、より専門的な機能を実

現するソフトウェアで、文書作成ソフトや表計算ソフト、画像処理ソフト、Web閲覧ソフトなどが挙げられます。

使用できるアプリはOSによって異なるため、そのアプリが対応していないOSでは使用できません。つまり、開発者は提供したいOSに合わせてソフトウェアを開発する必要があります。もしスマートフォン向けのアプリを開発する場合には、iOSやAndroid（1.3を参照）などのOSに合わせて提供しなければなりません。

開発者にとってのOSのメリット

複数のOSで動かすためにはそれぞれのOSに向けてアプリを開発する必要がありますが、OSがあることは開発者にとってもメリットがあります。OSに合わせてアプリを開発するだけで、複数の異なるハードウェアの構成があっても、同じように動くソフトウェアを実現できるのです。

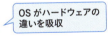

つまり、OSがあることで、ハードウェアの発売時期やメーカーの違いに関わらず、同じOSに向けて開発されていればアプリは基本的には動作するのです。これは、普及しているOSに合わせてアプリを開発することで、多くの人に使ってもらえるチャンスがあることを意味します。これにより、個別に開発するよりも効率的で、開発にかかる負担を軽減できるといえます。

利用者にとってのOSを使うメリット

利用者の立場で考えると、新たにコンピュータを買うとき、使いたいアプリの費用だけでなく、OSの費用も支払う必要があります。使い始めるときも、アプリの使い方だけでなくOSの使い方も学ばなければなりません。

最初のハードルが高いように思えるかもしれませんが、OSが同じであれば、別々のハードウェアを使う場合も、操作方法をハードウェアごとに覚える必要がありません。また、新たなアプリを導入したくなった場合も、OSごとに似たような操作性が実現されているため、習得にかかる時間を短縮できます。

Windowsだとフォルダを表すときに「C:¥」を付けるのはなぜですか？ あと、¥とか\とか、本によって区切るときの文字が違うんだよなぁ。

Windowsではハードディスクなどのドライブを識別するためにこのような文字を付けています。昔はフロッピーディスクがAとBを使うことが多く、ハードディスクはCから始まっていました。その名残りで現在もCから順に付けられることが多いです。日本語のWindowsでは¥を使いますが、海外では\です。macOSやUNIX系のOSでは/を使います。

コラム WindowsとMac

● 圧倒的なシェアを誇るWindows

個人用のパソコンとして圧倒的に多く使われているのが**Windows**です。Microsoft社が開発したOSで、1995年に登場したWindows 95あたりから一気に普及しました。本書の執筆時点ではWindows 10が最新で、家庭だけでなく、企業や学校など多くの場所で使われています。

開発者の立場で考えると、多くの利用者がいる環境に向けて開発することは、それだけビジネスチャンスが大きいことを意味します。利用者が多いだけでなく、多くの開発者が存在しているため、便利なツールも多く、わからないことがあれば聞ける、という面ではプログラミング初心者にも優しい環境だといえます。

● デザイナーや開発者を中心に人気のMac

画面の美しさやフォントの綺麗さ／統一感などから人気を集めている

のが **Mac** です。持ち運びが容易な MacBook シリーズや、高性能な iMac シリーズなど、さまざまなハードウェアが提供されていますが、OS は「macOS」で、いずれも Apple 社によって開発されています。

　使えるコンピュータが Mac に限られているため、競争が少なく価格が高いというデメリットはありますが、ハードウェアの製造元が OS も提供していることで不具合などが発覚してもサポートを受けやすい、という特徴があります。

　macOS は UNIX 系の OS であるため、UNIX と同じような開発環境を簡単に構築できます。Web アプリケーションを動かすためのサーバーには UNIX 系の OS が使われることが多いのですが、それと同じ環境を用意しやすい、という理由などから開発者にも多く使われています。

　さらに、iPhone や iPad など Apple 社が提供するスマートフォンやタブレット端末との連携が便利だという特徴もあります。

● iOS と Android

　スマートフォンやタブレット端末向けの OS として有名なのが、**iOS** と **Android** です。

　iOS は iPhone や iPad に使われている OS で、ハードウェアと合わせて Apple 社が提供しているため、安定して動作することが多く連携もスムーズです。

　追加で導入するアプリは、Apple 社の厳密な審査の上で App Store に公開されるため、インターフェイスも統一されており、ウイルスなども入り込みにくい状況で安全性が高いといえます。

　一方の Android は Google 社によって提供される OS で、各社のスマートフォンに搭載されています。Google 社が提供するハードウェアもありますが、各社が独自のハードウェアを提供するため、アプリの開発にあたっては画面サイズなどに注意しなければなりません。しかし、アプリの公開における自由度は高く、さまざまな種類のアプリが公開されています。

推薦図書

「OS自作入門」、川合秀実（著）、毎日コミュニケーションズ、2006年、ISBN978-4839919849

第1章 コンピュータのしくみ

1.3 サーバーとクライアント

1対多
サーバー資源
分かち合う

ビールサーバーやウォーターサーバーなど、身近に使われる「サーバー」という言葉。いずれも利用者にサービスを提供するという役割を担っています。最近では利用者と提供者の関係性が少し変わってきています。

役割による違い

最近はネットワークに接続してコンピュータを使うことが当たり前になりました。このとき、手元のコンピュータだけでなく、ネットワークの先にあるのもコンピュータです。同じコンピュータでも、その役割が違うことを知っておきましょう。

1人だけが利用するプログラムやデータであれば、手元のパソコンにそのファイルを配置すれば使えますが、利用者が多くなると、ネットワーク上のどこか1箇所に集めてみんなで共有して使う方が効率的です。管理が楽になりますし、常に最新の内容を確認できます。

このとき、使いたいプログラムやデータがある利用者に対し、サービスとして提供するコンピュータを**サーバー**（server）と呼び、サービスを受ける利用者側のコンピュータを**クライアント**（client）と呼びます。サーバーとクライアントは一般的に「1対多」という関係になっています。

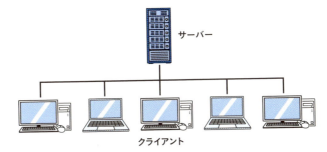

よく使われるサーバーとクライアント

私たちが使っているコンピュータを見渡してみると、さまざまなところ

で「サーバーとクライアント」の関係性を確認できます。わかりやすい例として**Webサーバー**と**Webブラウザ**があります。利用者がインターネットでWebサイトを閲覧しようと思ったとき、Webサイトのコンテンツ（内容）はWebサーバーに配置されています。このWebサーバーがサーバーの役割をもつコンピュータで、利用者は使用しているコンピュータから、クライアントの役割をもつWebブラウザを使ってアクセスします。

このとき、WebブラウザからURLの入力やリンクのクリックにより、Webサーバーに欲しい情報を要求します。要求を受け取ったWebサーバーは、該当のページを表示するのに必要なファイルの内容を送信し、受け取ったWebブラウザはその内容を読み込み、レイアウトを整形して表示します。

メールの送受信にもサーバーとクライアントが登場します。プロバイダや企業などが用意した**メールサーバー**に対し、利用者は手元のコンピュータでメール送受信ソフト（メーラー）を使って接続し、メールを送受信します。

送信時には、送信者が契約しているメールサーバーに接続し、メールを送信します。メールサーバーによって受信先のメールサーバーまで転送され、受信者は受信者が契約しているメールサーバーに接続してメールを受信します。

クライアントサーバー型のしくみ

データをサーバー側に配置し、クライアント側は専用のアプリを使ってそのデータにアクセスするシステムのことを**クライアントサーバーシステム**（略してクラサバということもある）と呼びます。

サーバーが故障すると、そのサーバーに接続しているすべてのクライアントに影響が出るため、ハードウェアやソフトウェアには信頼性が求められます。そこで、サーバーに使われるCPUやメモリなどのハードウェアには信頼性が高い機器が使われ、OSやデータベースなどのソフトウェアにもサーバー向けに開発された製品が使われます。

コラム 役割分担がないP2P

サーバーとクライアントのような役割の違いがなく、複数のコンピュータが対等にデータをやりとりする構成を**ピアツーピア**（Peer To Peer, P2P）といいます。ファイル共有ソフトや無料通話アプリなどで使われていて有名になりましたが、最近では仮想通貨などで注目を集めています。特定の管理者を必要としないため、安価に実現できる、1台が故障しても全体への影響が少ない、という特徴があります。

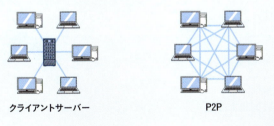

クライアントサーバー　　　P2P

推薦図書

「イラスト図解式 この一冊で全部わかるサーバーの基本」、きはしまさひろ（著）、SBクリエイティブ、2016年、ISBN978-4797386660

第1章 コンピュータのしくみ

1.4 ディレクトリとフォルダ

保存先わかりやすさを意識して

文書や画像、音楽などは「ファイル」としてコンピュータの中に保存します。それぞれのファイルには自由に好きな名前をつけられますが、たくさんのファイルを扱うため、目的のファイルをすぐに見つけられるスキルが必要です。

ファイルを分類して保存しよう

私たちが紙の書類を管理するとき、同じ業務で使う資料など関連する内容をまとめた上で引き出しや棚に格納します。このようにまとめるための入れ物をコンピュータの中では**フォルダ**や**ディレクトリ**と呼びます。フォルダには自由に好きな名前をつけられ、その中にファイルを入れることができます。また、フォルダの中にさらにフォルダを入れることもできます。

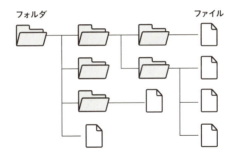

パソコンを購入した場合、初期設定を行った時点で、最初から多くのフォルダが用意されています。例えば、Windowsの場合は文書ファイルを入れる「ドキュメント」や画像ファイルを入れる「ピクチャ」、音楽ファイルを入れる「ミュージック」などがあります。この中に利用者が独自の名前でフォルダを作成して使うことが一般的です。

開発者としては、プロジェクトごとにフォルダを分けて管理することが一般的です。その他、開発環境や便利なツールを導入すると、プログラムの製造元やツールごとにフォルダが用意されます。

例えば、次の図で示すようなフォルダが用意される場合があります。

開発環境とフォルダ分けの例

ファイルに適切な名前をつける

　フォルダやファイルに名前をつけるときには、使いやすい名前を考える必要があります。使いやすい、というのは主観的な表現ですが、ファイルを探すときによく使う方法として、ファイル名での検索や名前での並べ替えなどがあります。

　例えば、ファイル名で並べ替えると、英数字はアルファベット順、数字の順になります。日本語のファイル名を使う場合も、ファイル名の先頭に数字をつけて「1_要件定義」「2_設計書」「3_ソースコード」「4_テスト」などのような名前にすると、きれいに並びます。

　検索しやすいように、フォルダ名やファイル名にキーワードを入れておく、というのもポイントです。例えば、顧客の名前やプロジェクト名などを入れておくと、簡単に目的のファイルを見つけられます。

　フォルダ名にスペースを入れない、というのも1つの工夫です。スペースが入っていると、それが区切り文字と認識され、プログラムによっては

正しく処理されない場合もあります。

ファイルとプログラムを関連付ける拡張子

　ファイルに名前をつけるときには、その名前の最後に拡張子を追加します。これはファイルを扱うアプリケーションを判断するために使われるもので、例えば、「txt」という拡張子をつけたファイルは、「メモ帳」などのソフトを使用して作成、編集します。単純な文書ファイルを表す拡張子で、文字の大きさや色などを指定できないファイル形式です。

　他にも、「jpg」という拡張子をつけたファイルは写真などの画像ファイルを表します。カメラで撮影した写真などのファイルで使われ、画像処理ソフトを使って編集します。代表的な拡張子を次の表で紹介します。

拡張子	概要（用途）
bmp	Windowsで使われる圧縮されていない画像ファイル（ビットマップ：bit mapの略）
csv	コンマ区切りの文書ファイル（comma separated valueの略）
doc、docx	Microsoft社の「Word」で作成されたファイル（documentの略。docxはdocument XMLの略）
htm、html	Webサイトなどで使われるHTML形式のファイル
pdf	Adobe Acrobat Readerなどで使われるPDF形式のファイル（Portable Document Formatの略）
jpg、jpeg	写真などに使われる画像ファイル（Joint Photographic Experts Groupの略）
png	イラストなどに使われる画像ファイル（Portable Network Graphicsの略）
ppt、pptx	Microsoft社の「PowerPoint」で作成されたファイル（PowerPointの略。pptxはPowerPoint XMLの略）
xls、xlsx	Microsoft社の「Excel」で作成されたファイル（Excel Sheetの略。xlsxはExcel Sheet XMLの略）
txt	単純な文書ファイルであるテキスト形式のファイル（Textの略）
zip	複数のファイルを1つにまとめた形式で、容量を削減するために圧縮できるファイル

　なお、フォルダには拡張子はありません。また、Windowsではファイル名の大文字と小文字が違っても同じファイルだと認識しますが、macOSなどの場合は異なるファイルと認識するため注意が必要です。

拡張子が表示されない場合

　ファイルに拡張子をつけても表示されない場合、Windowsでは図のように「フォルダーオプション」を使用して「登録されている拡張子は表示しない」というチェックをはずしてください（エクスプローラーでいずれかのフォルダを選択し、「表示」→「オプション」を選んだ画面）。

フォルダーオプション（Windows）

　macOSの場合は、Finderの「環境設定」から「詳細」タブにある「すべてのファイル名拡張子を表示」にチェックしてください。

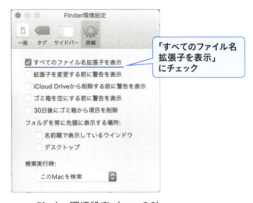

Finder環境設定（macOS）

コラム 「フォルダ」「フォルダー」「ディレクトリ」の違い

Microsoft社は英語をカタカナで表記するときの長音の扱いを2008年に変更しました。このため、Windows XPなどのOSで「フォルダ」と表記されていたものが、現在のWindowsでは「フォルダー」と表記されています。同様に、「コンピュータ」も「コンピューター」に、「プリンタ」も「プリンター」に変更されています。

一方、macOSでは現在も「フォルダ」と表示されています。LinuxなどUNIX系のOSを使う場合や、CUIで操作する場合は「ディレクトリ」と表現することが一般的です。macOSでもCUIを前提として書かれている技術書では、「ディレクトリの移動」のように書かれていることがありますし、Windowsのコマンドプロンプトを使ってフォルダを作る場合は「mkdir (make directoryの略)」というコマンドを使用します。

つまり、WindowsやmacOS、LinuxなどをCUIで操作する場合はディレクトリ、GUIで操作する場合はフォルダやフォルダー、と使いわけるとわかりやすいでしょう。このように、同じ機能を指す言葉でも、環境によって異なる表現が使われることがあります。

「テキスト」と「テクスト」、「トラフィック」と「トラヒック」など、表記が違うことがありませんか？

英語をカタカナで表現するのは難しいですよね。同じ英語でも業種によって表記が違う場合もありますから。

推薦図書

「[試して理解]Linuxのしくみ ～実験と図解で学ぶOSとハードウェアの基礎知識」、武内 覚（著）、技術評論社、2018年、ISBN978-4774196077

第1章 コンピュータのしくみ

1.5 テキストとバイナリ

そのファイル人間が見て読めるかな

< binary >

< text >

あるコンピュータで作成したファイルを他のコンピュータで開こうとしたら開けなかった、という経験は誰にでもあるでしょう。なぜこのようなファイル形式が使われるのか、その理由を知っておきましょう。

ファイルはすべて2種類に分けられる

　コンピュータで扱うファイルは、文書ファイルや画像ファイルだけでなく、実行プログラムや設定ファイルなど多くの種類があります。しかし、どんなファイルでも2種類に分けられます。

　それは、**テキストファイル**と**バイナリファイル**です。テキストファイルは文字だけで構成されるファイルで、Windowsのメモ帳アプリで開いたときに人間が読めるファイルだと考えるとよいでしょう。一方、バイナリファイルはそれ以外のファイルで、メモ帳で開くと人間には意味がわからない文字が表示されます。「バイナリ（binary）」という言葉は2進数のことを指し、コンピュータが処理するためのデータを指します。

文字コード表

　前節の拡張子を考えると、「txt」だけでなく、「csv」や「html」などのファイルはいずれもテキストファイルです。コンピュータは0と1しか扱えないため、テキストファイルであってもバイナリファイルであってもコンピュータ上に保存されているときは0と1の羅列で構成されています。

　これを人間が見てわかるように、0と1の組み合わせが表す文字をルールとして決めた表があり、**文字コード表**といいます。メモ帳でテキストファイルを開いたときに人間が読めるのは、この文字コード表にしたがって表示するしくみになっているからです。

　例えば、次の表はASCIIと呼ばれる文字コードの表です。0と1の2進数で保存されているデータを16進数に変換したとき、「41」であれば表の「4-」と「-1」が交わるところを見て「A」、「6A」であれば「j」だとわかります。

	0	-1	-2	-3	-4	-5	-6	-7	-8	-9	-A	-B	-C	-D	-E	-F
2-	SP	!	"	#	$	%	&	'	(	)	*	+	,	-	.	/
3-	0	1	2	3	4	5	6	7	8	9	:	;	<	=	>	?
4-	@	A	B	C	D	E	F	G	H	I	J	K	L	M	N	O
5-	P	Q	R	S	T	U	V	W	X	Y	Z	[	\	]	^	_
6-	`	a	b	c	d	e	f	g	h	i	j	k	l	m	n	o
7-	p	q	r	s	t	u	v	w	x	y	z	{	|	}	~	

文字コード表（ASCII）

ソフトウェアが読むためのファイル

　一方、バイナリファイルの場合はプログラムが読んだり加工したりするために作られたファイルなので、文字コード表に当てはめることを想定していません。無理やり文字コード表に当てはめると、崩れて表示されます。

　テキストファイルもバイナリファイルも、中身は「0と1の羅列」ですが、「人間が文字として読むためのファイル」なのか、「専用のソフトウェアがデータとして読むためのファイル」なのか、という違いがあるのです。

　バイナリファイルを使うメリットとして、コンピュータが処理しやすい形式で保存できるため、高速に処理できることが挙げられます。また、取り扱うデータの内容によっては容量を小さくできることもあります。

　画像ファイルはバイナリファイルの代表的な例で、データを加工するには画像処理ソフトが必要です。画像ファイルをWebサイトで使う場合には表示されるまでの時間を短縮するために、圧縮したファイル形式が使われていることを知っている人は多いでしょう。また、表計算やプレゼンなどに使われるファイルを扱う場合も特定のソフトウェアが必要です。このように、バイナリファイルでは専用のソフトウェアが必要なため、そのソフトウェアが導入されていないコンピュータでは扱えません。

　一方、どのような環境でもテキストエディタは用意されており、テキストファイルを編集できます。プログラムを開発する場合も簡単に扱えるため、テキストファイルは数多くのツールで入出力に使用されています。

推薦図書

「プログラマの数学第2版」、結城 浩（著）、SBクリエイティブ、2018年、ISBN978-4797395457

第1章 コンピュータのしくみ

1.6 文字化けと日本語の文字コード

意味不明 コード変えれば 意味わかる

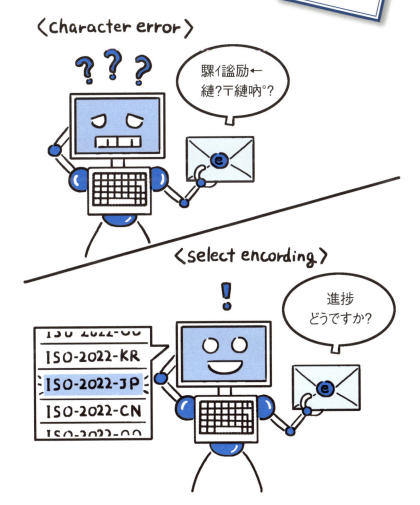

Webサイトを閲覧している場合など、文字化けを経験したことがある人は多いでしょう。さまざまなOSを扱うプログラムにとって、文字コードを避けて通ることはできません。変換するツールはたくさんありますが、どのような文字コードがあり、どう違うのかを知っておきましょう。

文字コードによる数値と文字の対応

1.5で解説したように、テキストファイルでは各文字に与えられた**文字コード**によって、メモ帳などのアプリで開いたときに人間が読みやすいように変換していました。もちろん、アルファベットや日本語で文字を入力した場合も、それぞれの文字はコンピュータの内部で数値に変換されて保存されています。

ここで、文字コードの対応表が1つであれば何の問題もないのですが、世の中にはアルファベット以外の文字が使われる言語があり、文字コードの対応表が複数存在しています。

英語での文字コードと日本語の文字コード

漢字やひらがな、カタカナなどが存在しない欧米諸国では使う文字の種類が少ないため、アルファベットといくつかの記号が表現できれば十分です。1バイトは8ビットなので、0と1を8個組み合わせると2^8=256種類の文字を識別できます。そこで、1バイトで文字を表現するASCIIなどの文字コードが古くから使われてきました。

一方、日本の場合、漢字やひらがな、カタカナなど多くの文字種を扱う必要があります。この場合、1バイトでは表現できません。そこで、多くの文字を表現するためにShift_JISやEUC-JP、ISO-2022-JPなどの文字コードが作られました。

環境による文字コードの違い

日本で複数の文字コードが使われるようになった経緯として、OSによる違いが挙げられます。Shift_JISは主にWindowsで、EUC-JPは主にUNIX系で使われていました。また、ISO-2022-JPはJISコードとも呼ばれ、主に電子メールで使われていました。

このように、日本語だけでも多くの文字コードが存在しており、それぞれに互換性がありません。つまり、同じ文字であっても、使っている文字コードが違うと対応する数値が異なります。

文字コードの違いによる文字化けの発生

せっかく保存したデータも、別の文字コードと認識して読み込もうとすると、正しくない文字で表示してしまいます。これが**文字化け**です。

文字化けの例

多くのアプリケーションでは、保存されたデータに使われている文字コードを自動的に認識して表示しますが、失敗すると壊れたファイルのように見えてしまいます。また、そのファイルで使われている文字コードを指定していても、その指定された内容が誤っていると、文字化けが発生してしまいます。

さらに漢字を使うのは日本だけでなく中国もありますし、韓国のようにハングルを使う国があれば、アラブ諸国のように右から書く言語もあります。

Unicodeの登場

そこで、全世界で使われている文字を1つの文字集合として定義しようとしたのが **Unicode** です。そしてUnicodeとして定義された文字集合の中の文字をどのようにコードへ対応させるのかによって **UTF-8** や **UTF-16** などの文字コードがいくつか存在します。UTFはUnicode Transformation FormatやUCS Transformation Formatの略で、Unicodeの変換フォーマットという意味があります。

UTF-8は現在インターネットで標準の文字コードになりつつあり、さまざまなところで使われるようになってきています。UTF-8には、ほかのShift_JISやEUC-JPとは異なる特徴があります。

例えば、Shift_JISやEUC-JPではひらがなやカタカナ、漢字などを2バイトで表現します。しかし、UTF-8では2バイト文字だけでなく、3バイトや4バイトの文字も存在します。

Shift_JISの例

Unicodeで2バイト文字の例

Unicodeで3バイト文字の例

　この理由として、Shift_JISやEUC-JPが日本語に絞って設定されたものであるのに対し、UTF-8は世界中で使われる文字を表現するために多くの文字種を扱えるように考えられたことが挙げられます。

　プログラムで文字を処理する場合は、扱うファイルでどのような文字コードが使われる可能性があるのかを意識して開発する必要があります。誤った文字コードで処理してしまうと、正しく表示できないだけでなく、セキュリティ上の問題が発生する可能性もありますので注意しましょう。

文字コードが違っていても変換すれば問題なく表示されるんですよね？

多くの文字は問題ありませんが、(株)や丸数字など一部の文字は「機種依存文字」といわれ、変換できない場合があるので注意が必要です。

そういえば、半角カタカナもできるだけ使わないように教えられたっけ…

 推薦図書

「[改訂新版]プログラマのための文字コード技術入門」、矢野啓介（著）、技術評論社、2018年、ISBN978-4297102913

第1章 コンピュータのしくみ

1.7 GUIとCUI

見た目より直感的な操作感

インターフェイスという言葉は異なるものをつなぐ部分のことを指します。その中でも、人とコンピュータの間で情報をやりとりする部分を「UI(User Interface：ユーザーインターフェイス)」といいます。操作方法や表現方法など、見た目の違いによってGUIやCUIなどがあります。

GUIの普及

コンピュータを操作するとき、最近はマウスを使うことが多くなりました。アプリケーションの起動だけでなく、Webブラウザやメニューの操作など、マウスなしでは不便です。

WindowsのGUI画面の例

また、スマートフォンやタブレット端末では、タッチパネルでコンピュータを操作します。キーボードの入力も画面上のボタンをタッチします。

このようにアイコンやボタンなどをマウスやタッチで操作するようなインターフェイスをGUI(Graphical User Interface)といいます。コンピュータに不慣れな人であっても直感的に利用できるため、現在の多くのOSで利用されています。

今でも使われるCUI

キーボードから命令を入力してコンピュータに指示する方法をCUI

（**Character User Interface**）といいます。Windowsの場合、「コマンドプロンプト」や「PowerShell」などのアプリが存在し、起動すると黒い画面で「>」に続くカーソル部分が点滅している状態になります。

　コマンドプロンプトやPowerShellはWindowsのスタートメニューから起動する方法もありますし、「ファイル名を指定して実行（Windowsキー＋R）」から「cmd」や「powershell」と入力して起動することもできます。

　この画面に、実行したいプログラムの名前やコマンドを入力して使います。プログラムの名前などを知らないと使えないため、直感的ではありませんが、覚えるべき内容はそれほど多くありません。また、複雑な作業であっても簡単に記録でき、まとめて容易に実行できるという特徴もあります。

CUIに慣れよう

　CUIの画面は一般的に黒い背景に白い文字で表示されるため、「黒い画面」と呼ばれることがあります。初心者には使いにくいと感じるかもしれませんが、慣れれば便利な操作はたくさんあります。特にサーバーを管理する場合や、Webアプリケーションを開発する場合には必須の知識でもあります。

　書籍などでは当たり前のようにCUIのコマンドを入力する解説がありますので、システム開発に関わる場合は抵抗なく使えるようになっておきましょう。ぜひ普段から少しずつでも使って慣れるようにしてください。以下の表に、いくつかのコマンドを紹介しています。

処理内容	Windowsの場合	Linux系OSの場合
現在のディレクトリを表示	cd（change directoryの略）	pwd（print working directoryの略）
ディレクトリの移動	cd [ディレクトリ名]	cd [ディレクトリ名]
ディレクトリ内のファイル一覧の表示	dir（directoryの略）	ls（listの略）
ファイルの内容を表示	type [ファイル名]	cat [ファイル名]（concatenateの略）
ファイルの削除	del [ファイル名]（deleteの略）	rm [ファイル名]（removeの略）

この表にある[ディレクトリ名]や[ファイル名]の部分には何を指定するんですか?

ファイルやディレクトリがある位置を指定します。例えば、WindowsでCドライブの中にあるbookというディレクトリに移動したい場合は、「cd C:¥book」と指定します。

ファイルの場合はファイル名を指定すればいいんですね。

その通りです。上記のディレクトリ内にあるchapter1.txtというファイルの内容を表示する場合は、「type C:¥book¥chapter1.txt」と指定します。

階層が深くなると指定するのが大変そう…

現在のディレクトリから相対的な位置を指定する「相対パス」を指定することもできます。例えば、上位のディレクトリは「..」で指定しますので、「type ..¥..¥chapter1.txt」のような指定が可能です。パスについては、このあと「1.9 環境変数とパス」で説明しますね。

 推薦図書

「UNIXという考え方―その設計思想と哲学」、Mike Gancarz(著)、芳尾 桂(翻訳)、オーム社、2001年、ISBN978-4274064067

第1章 コンピュータのしくみ

1.8 コマンドラインとシェル

自動化に必須のツール ターミナル

CUIを指す言葉として、「コンソール」や「ターミナル」、「シェル」や「コマンドライン」など似たような言葉が多くあります。その差を区別しなくても実用的には問題ないかもしれませんが、元々は違う意味を指す言葉ですので、その違いを理解しておきましょう。

GUIよりも便利なCUIの使い方

　WindowsやmacOSのようなGUI環境が当たり前になり、スマートフォンではタッチパネルで操作できる時代です。最近ではLinuxでもGUIで操作することが増えてきました。

　しかし、これまで通りCUIの方が便利な場面もあります。例えば、あるプログラムやコマンドでの処理結果を他のプログラムに渡したい場合、GUIではファイルに出力して他のプログラムで読み込む必要がありますが、CUIではコマンド名を並べて入力するだけで渡すことができます。

　GUIで操作するOSでも、多くの操作と同様のことをCUIで実現できます。GUIと似たような機能があるCUIプログラムが別に用意されている場合もあり、複数のCUIコマンドを組み合わせて実行する場合もあります。

　他にも、ファイル名が「2019」で終わるテキストファイルを別のフォルダにコピーしたい、などの場合、GUIではファイルを1つずつ手作業で選ぶ必要があり面倒ですが、CUIであればコマンドを実行するだけです。

　また、何度も実行する複数のコマンドがあれば、1つのコマンド（プログラム）にまとめて実行することも可能です。このとき、複数の処理を組み合わせるよりも、1つでまとめて処理するようなプログラムを作った方が効率的だと考えるかもしれません。

1.8 コマンドラインとシェル

しかし、大きなプログラムを作ってしまうと、少しだけ処理内容を変えようと思ったときに、大きなプログラムを新たに作成しなければなりません。そこで、単一の処理だけを実現するプログラムを作成し、それを組み合わせて実行する方法がよく使われます。

コンソールとターミナルの違い

コンピュータを使っているときに、コンソールとターミナルのような似た意味の言葉が使われる場合があります。これらの違いを考えるとき、英語から日本語に訳すと少しイメージしやすくなる場合があります。

コンソール（**Console**）は「制御卓」や「制御装置」と訳されることがあります。昔の大型コンピュータでは、操作する端末が別に用意されており、これが「コンソール」と呼ばれていました。コンソールにはCUIの意味はありませんが、GUIがなかった当時のイメージから、現在もCUIを指す言葉として使われています。

次に、**ターミナル**（**Terminal**）は「終端装置」や「端末」と訳されることが一般的です。電車の駅で「ターミナル駅」という言い方が使われることがありますが、「終端」を意味する言葉です。

終端装置はネットワークなどでもよく使われる単語ですが、UNIX系OSでは端末の意味で使われます。一般的には「端末エミュレータ」としてのソフトウェアを指し、コンソールを仮想的に実現しているソフトウェアだと考えることもできます。

さまざまな種類があるシェル

シェル（**Shell**）は「貝殻」を意味する言葉で、UNIX系OSなどの場合は、内部にあるカーネルを覆っている殻というイメージで使われています。これは、OSの内部に操作を伝える役割をするソフトウェアを指します。

古くからBourne Shell(sh)やC Shell(csh)が作られ、最近では便利に使えるように改良したbashやtcsh、kshやzshなどが多く使われています。

bashはshを拡張したシェルで、macOSなどで標準として採用されています。tcshはC言語に似た文法をもち、FreeBSDなどで採用されています。kshやzshはさらに便利な機能が追加されています。

なお、シェルでコマンドを入力する際、先頭に「$」や「%」が表示されている場合は一般ユーザーの権限でログインしている状態で入力することを意味します。一方、先頭に「#」が表示されている場合は、rootと呼ばれる管理者権限でログインしている状態でコマンドを入力することを意味します。また、Windowsでコマンドプロンプトを使う場合には、先頭に「>」が表示されている場合もあります。

このように、シェルに対してコマンドを入力するとき、書籍などを参考にする場合は、先頭に書かれている文字を入力しないように注意が必要です。

これらのシェルを使って毎回複数のコマンドを入力してもいいのですが、できれば自動化したいものです。そこで、複数の処理を連続して実行する簡易的なプログラムを作成することがあり、UNIX系のOSでは「シェルスクリプト」と呼びます。Windowsの場合も同じようにコマンドプロンプトやPowerShellを使って自動処理を実現でき、「バッチファイル」と呼びます。

コマンドラインとは

コマンドライン（**Command Line**）は命令を入力する「行」のことです。入力された行単位の文字列を意味し、この内容をシェルなどに渡して処理します。一般的には「CLI：コマンドラインインターフェイス」という言葉を使い、CUIと同じような意味で使うことがあります。

つまり、コンソールを仮想化したターミナルで、コマンドラインから入力したコマンドをシェルに渡す、という流れになります。

標準入力と標準出力

プログラムを作るとき、知っておきたいキーワードとして「標準入力」や「標準出力」という言葉があります。何も指定されていない場合、標準

入力はキーボードから入力されること、標準出力は画面（ディスプレイ）に結果を表示することです。

つまり、CUIのプログラムであれば、キーボードによる入力を受け取って、その結果をディスプレイに表示します。他にも、ファイルから受け取ったり、他のプログラムの出力を他のプログラムで受け取ったり、といった方法がありますし、出力も同様です。

> P41でdirコマンドの結果をsortに渡したり、sortコマンドの結果をmoreに渡しているのは、出力されたものを別のプログラムの入力に使っているからですよね。

> これは便利だ！

> どのように使われるのかプログラマが意識しなくてもいいのがメリットです。

> 入力と出力は1つだけなんですか？

> 他には「標準エラー出力」もよく使われますよ。

推薦図書

「新しいLinuxの教科書」、三宅英明、大角祐介（著）、SBクリエイティブ、2015年、ISBN978-4797380941

第1章 コンピュータのしくみ

1.9 環境変数とパス

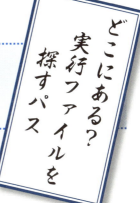
どこにある？実行ファイルを探すパス

CUIで操作するようなプログラミング言語やアプリケーションを使う場合、パスを通しておかないと不便です。なぜパスの設定が必要なのか、どのような役割を果たしているのか知っておきましょう。

設定ファイルと環境変数

　OSやアプリケーションを使うとき、利用する人によって設定を変えたい場合があります。例えば、複数の人が1台のコンピュータを使う場合、それぞれが使う設定の値を設定ファイルなどに保存し、読み込む必要があります。ただし、OSが使うような設定値は頻繁に使われることから、毎回ファイルを読み出して使うのでは不便です。

　そこで、Windowsやmac OS、Linuxなどの代表的なOSでは**環境変数**というしくみを用意しています。環境変数には「システム環境変数」と「ユーザー環境変数」があり、それぞれOSを起動する、ユーザーがログインする、といった段階で読み込まれます。

システム環境変数とユーザー環境変数の違い

　システム環境変数はそのコンピュータ全体に関する設定で、利用しているすべてのアカウントに対して適用されます。このため、安易に値を変更すると、ほかの利用者が使うときに意図しない動作を引き起こす可能性があります。

　一方のユーザー環境変数はログインしているアカウントのみに適用されます。個別に設定を変えたい場合はユーザー環境変数をカスタマイズする方法が使われます。

　例えば、システム環境変数には「Windowsがインストールされているフォルダ名」や「コンピュータ名」などがあり、ユーザー環境変数には「一時ファイルを保存するフォルダ名」や「ログインしている利用者の名前」などがあります。

アプリケーションの実行に必要なパス

よく使われる環境変数に**パス**（**Path**）があり、名前の通り、使いたいプログラムの実行ファイルが格納されているディレクトリへの「経路」を表します。GUIを使ってプログラムを起動する場合や、ディレクトリの階層構造で最上位から絶対パスで指定してプログラムを実行する場合には関係ありませんが、CUIで実行ファイル名だけを指定して実行する場合は、この「パス」に指定されている場所から実行ファイルを探します。

つまり、このパスが正しく指定されていないと、実行ファイルがコンピュータの中に存在していても見つからない、という状態になってしまいます。例えば、PHPなどのプログラミング言語を使うとき、必要なファイルをダウンロードしても、ダウンロードしたファイルを保存するだけではどこに実行ファイルを配置したのかコンピュータにはわかりません。

パスの設定

パスを指定しなくても実行できるようにするには、プログラムをダウンロードするときに、すでに環境変数として指定されているパスの位置に実行ファイルを格納する必要があります。もしくは、環境変数のパスを書き換えて、実行ファイルを格納した位置を登録する必要があります。

PHPを手元のコンピュータで動かす場合、実行に必要なファイルをダウンロードして、次の図のように「C:¥php」に配置したとします。このとき、実行ファイルは「C:¥php¥php.exe」で、そのパスは「C:¥php」になります。そこで、環境変数のパスにはそのフォルダ名である「C:¥php」を他の登録内容とセミコロンで区切って図のように追加します。

PHPをダウンロードした場所（C:¥php）

環境変数の設定（Windowsの場合。C:¥phpを追加）

　環境変数に登録されている値は、Windowsのコマンドプロンプトや、macOSのターミナルなどのアプリケーションを開いて、「set」というコマンドを入力すると確認できます。

 推薦図書

「[改訂新版]Windowsコマンドプロンプトポケットリファレンス」、山近慶一（著）、技術評論社、2016年、ISBN978-4774180014

第 2 章
プログラムのしくみ

第2章 プログラムのしくみ

2.1 コーディングと
プログラミング

> プログラマ
文章よりも
コード書く

プログラマの業務内容は多岐に渡ります。1つのソフトウェアを作るだけでも多くのステップがあり、さまざまな役割の技術者が参加します。それぞれの作業がどのような意味をもつのか正しく把握しなければなりません。

コンピュータが理解できる言葉

　ソフトウェアを作ろうと思ったとき、人間が設計書を書くだけではコンピュータは動いてくれません。コンピュータにやってもらいたいことを、コンピュータが理解できる言葉で記述しなければなりません。

　コンピュータは「電子計算機」と訳されるように計算機ですが、「0」と「1」から構成される2進数の計算しかできません。この2進数で書かれた命令の集まりが「機械語」です。コンピュータにやってもらいたいことを、この「機械語」で書けばその通りに動いてくれるのですが、この機械語を人間が理解するのは大変（というより不可能に近い）です。

プログラミング言語とソースコード

　そこで、人間が理解しやすく、記述しやすい「プログラミング言語」を使って**ソースコード**を作成します。このソースコードをコンピュータが理解できるように変換して、機械語で書かれた「プログラム」を生成します。このように、プログラムの元（ソース）になることからソースコードと呼ばれます。

　一般的に、ソースコードはテキストファイルで、変換したプログラムはバイナリファイルになります。

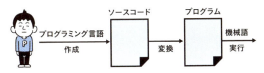

プログラミングの一部としてのコーディング

「プログラムを作ること」を一般に**プログラミング**といいます。その言葉の指す範囲は曖昧で、ソースコードを書いてプログラムを作るだけでなく、その動作を確認するテストや不具合（バグ）を取り除くデバッグ、場合によっては設計書を作成する作業までプログラミングに含まれることがあります。

その中でも特にソースコードを書く部分を「コーディング」ということがあります。コーディングと呼ぶときは、すでに用意されている設計書にしたがってソースコードを記述する作業のみを指すことが一般的です。

Webサイトの作成にも使われるコーディングという言葉

Webサイトを制作するときは、デザイナーが作成したデザインを実現するために「HTMLやCSSを書くこと」をコーディングと呼ぶこともあります。この場合はプログラミングという言葉は使わないほうがよいでしょう。

なお、HTMLを書くことをマークアップと呼ぶことがあります。採用サイトなどではコーディングを行う「コーダー」やマークアップを行う「マークアップエンジニア」などさまざまな職種があるように見えますが、職務内容は同じことも少なくありません。

- HTML：HyperText Markup Languageの略。Webページを作成するときに使われる言語で、文書の構造などを指定する
- CSS：Cascading Style Sheetsの略。Webページのデザインなどを指定するための言語で、フォントやレイアウトなどを指定する

推薦図書

「プログラムはなぜ動くのか」、矢沢久雄（著）、日経ソフトウエア、2007年、ISBN978-4822283155

第2章 プログラムのしくみ

2.2 コンパイラとインタプリタ

通訳と翻訳の差に似た変換

> ソースコードをコンピュータが理解できる機械語に変換して実行するためには、大きく分けて2通りの方法があります。それは「インタプリタ」と「コンパイラ」です。これらは、ソースコードから機械語を作る方法やタイミングに違いがあります。

実行時に機械語に変換するインタプリタ

インタプリタはプログラミング言語で書かれたソースコードを読み込むと、実行しながらソースコードを機械語に変換してコンピュータが処理します。この「実行しながら」というところがポイントです。通訳のように、話しているそばから訳した言葉を伝えているイメージです。

実行するときに変換するため、プログラムを修正して実行することを気軽に試せます。想定した通りに動かなければ、少し修正してまた実行する、という作業を繰り返すことで少しずつプログラムを改良できます。

しかし、処理するたびに変換しながら実行する、ということは実行にそれだけ時間がかかることを意味します。また、実行するコンピュータに、「変換するしくみ」を用意する必要があります。他の人に配布しようと考えると、ソースコードと合わせてインタプリタも導入してもらう必要があるのです。ソースコードを配布してしまうため、もしソースコードを見られたくない場合には使えません。

事前に機械語に変換するコンパイラ

コンパイラは、プログラミング言語で書かれたソースコードを事前に機械語に「一括変換」しておきます。実行時には、すでに機械語に変換されたプログラムをコンピュータが処理します。この「事前に変換する」と

いうところがポイントです。書籍などで文章を翻訳するように、まとめて変換しておくことで、利用者は都度翻訳されるのを待つ必要はありません。

プログラムを実行するたびに変換する必要がないので、実行時にはインタプリタよりも高速に処理できます。実行時に変換するしくみも必要ないため、他の人に配布する場合も、機械語のプログラムだけを渡せばよく、ソースコードを見られる心配もありません。

一方で、事前に変換する作業がソースコードを修正するたびに必要なため、想定した通りに動かなければ再度変換からやり直しになります。機械語への変換にはそれなりに時間がかかりますので、インタプリタのように気軽に実行することはできません。

また、プログラムの実行に使うOSなどに合わせて機械語のソースコードを生成する必要がありますので、利用者の環境に合わせていくつも変換する必要があります。もしコンパイルされたプログラムの形式が利用者の環境と合っていないと、そのプログラムは実行できません。

コンパイルとビルド

この機械語に変換する作業を**コンパイル**といいます。実際には、コンパイルするだけでは実行ファイルは生成できず、ライブラリとの「リンク」という紐づけなどの作業が必要になります。そこで、コンパイルやリンクなどの作業を含めて**ビルド**といいます。

1つの画面でソースコードの作成からコンパイル、リンクまで行えるソフトウェアにIDE（5.1参照）があり、その多くはコンパイルという言葉よりも「ビルド」や「リビルド」という言葉を使っています。

最近のプログラミング言語の特徴

最近はインタプリタとコンパイラを明確に分けられない状況になっています。直接機械語に変換するのではなく、バイトコードと呼ばれる中間言語に変換し、仮想マシンでこの中間言語を実行する言語が増えているのです。

中間言語を用意することで、さまざまなOSや環境で同じプログラムを実行できるようになるだけでなく、インタプリタよりも高速な処理を実現できます。また、ある言語のソースコードを変換して他のプログラミング言語のソースコードを生成する「トランスパイラ」と呼ばれるプログラミング言語も登場しています。

　インタプリタやコンパイラで変換するのはわかるんだけど、どうやって実行するんですか？

コンパイラの場合は、実行ファイル（拡張子がexeのファイル）が生成されるので、これをダブルクリックします。CUIの場合は実行ファイル名を入力してEnterキーを押します。インタプリタの場合は、ファイルの拡張子をプログラムと関連づけると、ソースコードをダブルクリックするだけで実行できます。CUIで実行する場合はプログラム名に続けてソースコードのファイル名を指定します。　

 推薦図書

「プログラミング言語図鑑」、増井敏克（著）、ソシム、2017年、ISBN978-4802611084

第2章 プログラムのしくみ

2.3 データ構造とアルゴリズム

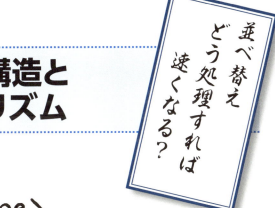

並べ替え どう処理すれば 速くなる?

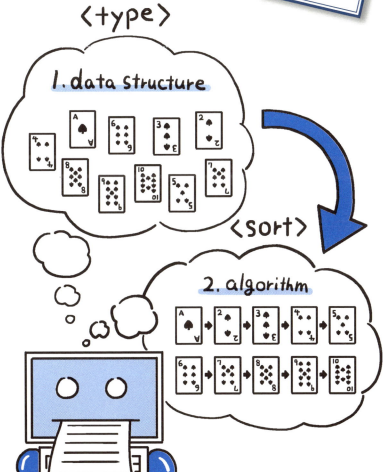

プログラムを作ることは「データ構造」と「アルゴリズム」を考えることだといえます。つまり、どのようにデータを保持し、どのように処理するか、どのように処理すれば効率的かを考えることが必要です。

入力と出力を考える

　プログラムは与えられた入力を処理し、何らかの出力を行うものだと考えられます。入力の有無に関わらず同じ結果が得られるのであれば、プログラムを作る必要はありません。また、出力が得られないのであれば、入力を処理をする必要がありません。

　例えば、消費税を計算するプログラムを考えると、入力として与えられるのは商品の金額で、出力は計算した消費税です。また、画像を縮小するプログラムを考えると、入力として与えられるのは元の画像で、出力は縮小した画像です。

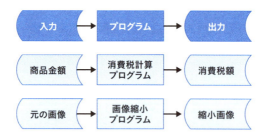

　このように、どんなプログラムでも入力が与えられ、それを処理した結果を出力します。このとき、与えられたデータをどのように保管し、どのように処理するのかを考えます。この保管方法が**データ構造**で、処理方法が**アルゴリズム**です。『アルゴリズム＋データ構造＝プログラム』（ニクラウス・ヴィルト著、片山卓也訳）という本があるように、これらがプログラムの基礎となります。

最適なデータ構造を検討する

データを扱うときには、入力と出力に加え、プログラム内部で一時的に保持するデータについても考えなければなりません。ここで使うデータは1つだけではありません。複数の入力が与えられる場合もありますし、出力も1つとは限りません。

また、扱うデータにどれくらいの大きさがあり、どのような形式なのかによって最適なデータ構造は異なります。例えば、商品の金額から消費税を計算するのであれば、入力されるのは整数ですし、出力も整数です。しかし、商品の名前が入力されたり、半均金額を求めたりする、といっ場合には、文字や小数も扱えるようにする必要があります。

ここで使われるのがデータの**型**です。整数を格納するのか、小数を格納するのか、文字を格納するのかによって保存する場所に必要な大きさが変わるため、それぞれのデータにはプログラミング言語によって型が用意されています。

プログラミング言語「Java」におけるデータ型の例

データ型	扱える内容
int	-2147483648 から 2147483647 までの整数
short	-32768 から 32767 までの整数
long	-9223372036854775808 から 9223372036854775807 までの整数
float	32ビットの単精度浮動小数点数
double	64ビットの倍精度浮動小数点数
chat	文字（1文字だけ）
String	文字列（文字の並び）

コラム 浮動小数点数

コンピュータは2進数で処理するため、小数も2進数で扱います。このとき、10進数の0.1を2進数で表そうとすると、0.00011001100…というように循環小数になります。そこで2進数で表現する場合は近似値を使う

必要がありますが、よく使われるのが「浮動小数点数」で、多くのプログラミング言語で「IEEE754」という標準規格が採用されています。

浮動小数点数は小数を「仮数」と「基数」、「指数」に分けて表現する方法で、小数＝（仮数）×（基数）$^{(指数)}$ で表現します。例えば、10進数の0.1は10進数では$1.0 \times 10^{(-1)}$、2進数では$1.1001100... \times 2^{(-4)}$と表現できます。ここで、2進数の場合、仮数部の最上位の桁を必ず1にして、仮数と指数、符号を以下のような桁数で表現したものが32ビット単精度浮動小数点数と64ビット倍精度浮動小数点数です。

表　浮動小数点数

	符号	指数	仮数
32ビット単精度浮動小数点数	1ビット	8ビット	23ビット
64ビット倍精度浮動小数点数	1ビット	11ビット	52ビット

処理速度や効率が大きく変わるアルゴリズム

与えられた課題を解決する手順のことを「アルゴリズム」といいます。コンピュータができる処理は「順次処理」「繰り返し」「条件分岐」しかないため、これらをどのように組み合わせて処理すると作りたいプログラムが実現できるかを考えます。

ここで、考えたアルゴリズムの内容によって、実装にかかる時間や実行にかかる時間が大きく異なります。効率よく実行できるアルゴリズムを考えられると、処理が大幅に速くなったり、メモリの使用量を削減できたりします。

よく知られているアルゴリズムには、並べ替え（ソート）や探索、圧縮、暗号化などがあります。

 推薦図書

「珠玉のプログラミング」、Jon Bentley（著）、小林健一郎（翻訳）、丸善出版、2014年、ISBN978-4621066072

第2章 プログラムのしくみ

2.4 変数と定数

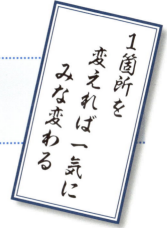

1箇所を変えれば一気にみな変わる

プログラムを作成するとき、扱う処理によっては同じ値を何度も使いたい場合があります。もちろん、ソースコードの中に同じ値を何度も書いても構いませんが、もしその値を変更したくなると、そのすべてを変更するのは大変ですので、変数や定数を使います。

同じ数字を何度も使うと後が大変

　例えば、消費税の計算をするプログラムを作成しているとします。8%で計算するには、与えられた金額に対して毎回0.08倍するような処理を記述するのも1つの方法です。しかし、消費税率が10%に変更になると、プログラム中で0.08と書いた部分をすべて0.1に変更しなければなりません。このとき、「0.08」という値が消費税率だけに使われているのであれば、一括変換が可能かもしれませんが、他の処理に使われている可能性を考えると、すべてを1つずつ確認しながら修正しなければなりません。

　Javaで以下のようなソースコードを書くと問題なく実行できますが、修正が大変そうです。

サンプルコード
```
class Tax
{
    public static void main (String[] args)
    {
        System.out.println("1000円の消費税は" + 1000 * 0.08 + "円です。");
        System.out.println("2000円の消費税は" + 2000 * 0.08 + "円です。");
        System.out.println("3000円の消費税は" + 3000 * 0.08 + "円です。");
        System.out.println("1000円の8%は" + 1000 * 0.08 + "円です。");
    }
}
```

実行結果
```
1000円の消費税は80.0円です。
2000円の消費税は160.0円です。
3000円の消費税は240.0円です。
1000円の8%は80.0円です。
```

プログラム中で変更しない値は定数を使う

　これは非常に面倒なため、**定数**を使う方法があります。例えば、消費税率を表す定数を用意し、「tax_rate（税_率を意味する）」という名前をつけておきます。この定数に「0.08」という値を割り当て、消費税の計算をする際にこのtax_rateという定数を使って計算するように実装します。

　定数が書かれているソースコードでは、その定数に割り当てられた値に置き換えられて処理されるため、消費税率が変更になった場合には、この定数に税率を割り当てているtax_rateの宣言部分の1箇所で値を変えるだけです。

　先ほどと同じような処理を定数を使って書き換えると、以下のように書けます。

サンプルコード

```java
class Tax
{
    public static void main (String[] args)
    {
        final double tax_rate = 0.08; // 消費税率の設定（ここだけ変更する）
        final double off_rate = 0.08; // 割引率の設定
        System.out.println("1000円の消費税は" + 1000 * tax_rate + "円です。");
        System.out.println("2000円の消費税は" + 2000 * tax_rate + "円です。");
        System.out.println("3000円の消費税は" + 3000 * tax_rate + "円です。");
        System.out.println("1000円の割引価格は" + 1000 * off_rate + "円です。");
    }
}
```

実行結果

```
1000円の消費税は80.0円です。
2000円の消費税は160.0円です。
3000円の消費税は240.0円です。
1000円の割引価格は80.0円です。
```

　このように、一度保存した値をプログラム中で書き換えない場合は定数に格納します。

プログラム中で変更する値は変数を使う

一方、格納したデータを変更したい場合もあります。例えば、ループを繰り返すたびに数を増やしたい場合、定数を使うとプログラム中で値を書き換えることはできません。値を書き換えたい場合には**変数**を使います。

変数は、数値などのデータを記憶するために用意された領域で、それぞれ名前をつけられます。次のプログラムは、「price」という名前をつけた箱を用意し、その値をループの中で1000ずつ増やしながら処理しています。

サンプルコード

```java
class Tax
{
    public static void main (String[] args)
    {
        final double tax_rate = 0.08;
        for (int price = 1000; price < 10000; price += 1000)
        {
            System.out.println(price + "円の消費税は" + price * tax_rate + "円です。");
        }
    }
}
```

実行結果

```
1000円の消費税は80.0円です。
2000円の消費税は160.0円です。
3000円の消費税は240.0円です。
4000円の消費税は320.0円です。
5000円の消費税は400.0円です。
6000円の消費税は480.0円です。
7000円の消費税は560.0円です。
8000円の消費税は640.0円です。
9000円の消費税は720.0円です。
```

推薦図書

「リーダブルコード」、Dustin Boswell、Trevor Foucher（著）、須藤功平（解説）、角 征典（翻訳）、オライリージャパン、2012年、ISBN978-4873115658

第2章 プログラムのしくみ

2.5 配列と文字列

1列に箱を並べて順に処理

プログラムを作成するとき、扱うデータをどのように保存すると効率よく処理できるのか考える必要があります。特に、多くのデータを扱う場合には、そのデータをまとめて扱えるようにしておくと便利です。また、文章を扱うプログラムでは文字列の処理が必須のため、どのように処理すると効率的なのか知っておかなければなりません。

保存する内容で型を決める

　プログラムで変数にデータを格納するときは、変数にどのくらいの大きさを確保すれば必要なデータを格納できるのか、コンピュータに知らせる必要があります。格納する内容が数値なのか文字なのか、画像なのかによっても、その大きさは異なります。

　そこで、多くのプログラミング言語には数値や文字などよく使われるデータに最適な「型」が用意されています。例えば変数に格納するデータが整数だけのときは、intやlongなどの「整数型」がよく使われます。文字を保存する場合は、英数字であれば1バイトあれば十分で、charという「文字型」を使います（2.3のデータ型を参照）。

単純型では表現できないデータ

　このように基本となるデータの内容やサイズとして、プログラミング言語に用意されている型は「単純型」と呼ばれます。ただし、複数の値を処理したい場合には、単純型では複数の値それぞれに変数を用意しなければならないため、たくさんの変数が必要になります。

　そこで、多くのプログラミング言語では**配列**や**リスト**といったデータ構造が用意されています。この後詳しく解説しますが、配列は同じ型のデータ（要素）を連続的に並べたもので、複数のデータをまとめて定義できます。

配列の基本的な考え方

複数のデータを扱うとき、各データに通し番号が付いていると考えると、各要素には先頭からの番号を使ってアクセスできます。例えば、10個の箱があり、それぞれの箱が整数型の要素だとします。すると、先頭から順に0番目の要素、1番目の要素、…、9番目の要素となります。このように通し番号は0から始まることが一般的です。

10個の商品の値段を格納する配列を作成した場合には、以下のようにデータを格納し、要素番号でアクセスできます。

	price[0]	price[1]	price[2]	price[3]	price[4]	price[5]	price[6]	price[7]	price[8]	price[9]
price	837	294	174	305	812	363	746	902	136	425

配列の例（priceに複数のデータが格納されている）

文字列と配列の違い

英単語（例：apple）のように複数の文字からなる**文字列**を格納することを考えると、同じように配列が使えそうです。それぞれの文字を1つずつ文字型の変数に格納し、文字の数だけ配列の要素を用意すれば格納できます。

C言語など一部のプログラミング言語では、文字列と他の型とは少し違った特徴があります。それは、文字列の場合には、要素数として文字列の長さに1を加えたものを用意することです。最後の要素にはNULLと呼ばれる特殊文字を格納します。この値が入っている要素にて文字列の終端であることを認識することが決まりごととして定められています。

a	p	p	l	e	\0 (NULL)

C言語などにおける文字列を表す配列

言語によって違う文字列の表現

　C言語では文字列を変数に格納するとき、配列を使いますが、すべての言語で同じように配列を使うわけではありません。例えば、Javaのような言語では2.3節の表にあるように、String型と呼ばれる文字列を表す型（クラス）が用意されています（クラスについては2.8で解説します）。

　なお、「文字」と「文字列」は多くの言語で扱いが異なります。文字は1文字固定ですが、文字列は複数の文字からなることを意味し、0文字でも1文字でも文字列です。C言語で文字を表すときにはシングルクオート、文字列を表すときはダブルクオートで囲って表現します。

　C言語では文字列を配列に代入する場合は、文字型の配列の要素に1文字ずつ代入する方法を使うこともできますが、"apple"のようにダブルクオートで囲った値を指定することで、まとめて代入できます。Javaでは文字列は配列ではありませんので、違う方法が用意されています。このように、同じデータを表現する場合も、言語によって扱いが違います。

> 配列の個数を超えてアクセスするとどうなるんですか？

> C言語などの場合、配列を確保したときのサイズを超えてもコンパイル時にはエラーにならず、実行時にエラーになります。

> そういえばエラーメッセージって英語が多いですよね…

> シンプルに問題点が書いてあることが多いので、翻訳ソフトも活用して必ず目を通すようにしてくださいね。

推薦図書

「プログラミング作法」、Brian Wilson Kernighan、Rob Pike（著）、福崎俊博（翻訳）、KADOKAWA、2017年、ISBN978-4048930529

第2章 プログラムのしくみ

2.6 キューとスタック

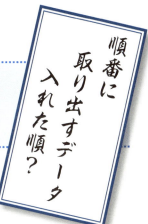
順番に取り出すデータ入れた順？

配列を使うプログラムを作成する場合、その処理方法を工夫しないと処理に長時間かかることは珍しくありません。定番として使われるデータ構造であるキューとスタックについて知っておくことで、効率よく処理するプログラムの実装方法を意識するようにしましょう。

配列におけるデータの出し入れ

配列にデータを格納したり、取り出したりする場面を考えてみましょう。次の図のように、既にデータがいくつか格納されている配列の途中にデータを入れようとすると残りの要素をすべて動かす必要がありますし、取り出して要素を削除する場合も詰めないと間が空いてしまいます。

ところが、先頭か末尾からデータを出し入れすると、効率よく処理できます。そこで、よく使われる例として「スタック」と「キュー」が挙げられます。

最後に入れたものから取り出すスタック

最後に格納したデータから取り出す構造を**スタック**（**Stack**）といいます。英語の「積み上げる」という意味で、箱に物を積み上げ、上から順に取り出すように、一方向だけを使ってデータを出し入れする方法です。最後に格納したデータを最初に取り出すので、「LIFO（Last In First Out）」とも呼ばれます。スタックにデータを格納することをプッシュ、取り出すことをポップと呼びます。

配列を使ってスタックを表現する場合、配列の最後の要素がある位置を記憶しておきます。これにより、追加するデータを入れる場所や削除する

データの場所がわかるので、データの追加や削除を高速に処理できます。このとき、配列の要素数を超えないように注意が必要です。

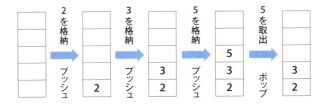

最初に入れたものから取り出すキュー

格納した順にデータを取り出していく構造を**キュー**（**Queue**）といいます。Queueには「列を作る」という意味があり、ビリヤードで玉を打ち出すときのように、片側から追加されたデータは、反対側から取り出されます。最初に入れたデータを最初に取り出すので、「FIFO（First In First Out）」とも呼ばれます。キューにデータを格納することをエンキュー、取り出すことをデキューと呼びます。

キューの場合は、配列の先頭の要素がある位置と、最後の要素がある位置を記憶しておきます。データを追加する場合は最後の位置に続けて登録し、削除する場合は先頭の要素がある位置から取り出しします。

配列を最大限に使うための工夫

配列のサイズには上限があるため、1列にデータを格納していると、追加や削除を繰り返すことで一方の端に到達してしまいます。するとこれ以上データを登録できませんが、配列の先頭はまだ空いている場合があります。

そこで、追加や削除を繰り返し、配列の最後の要素まで到達したときに、最後の要素がある位置を先頭に戻すと、図のようなリング型の構造だと考えることができます。これを**リングバッファ**といいます。リングバッファを使うと、キューの問題点を解決でき、配列の要素数を最大限使ってデータを格納できます。

リングバッファ

スタックやキューはどのような場面で使うんですか？

将棋や囲碁など、木構造で探索する場合には、深さ優先探索や幅優先探索が使われます。一般的に深さ優先探索ではスタックを、幅優先探索ではキューを使います。

 推薦図書

「プログラミング言語C 第2版 ANSI規格準拠」、Brian Wilson Kernighan、Dennis MacAlistair Ritchie（著）、石田晴久（翻訳）、共立出版、1989年、ISBN978-4320026926

第2章 プログラムのしくみ

2.7 手続き型とオブジェクト指向

変更の影響範囲を最小化

新しいプログラミング言語が作られるのには、さまざまな理由があります。処理を速くする、という考え方もありますが、最近は「他の人が書いたコードでも読みやすい」など保守性を重視する考え方が強くなっています。プログラムを修正しても、広範囲に影響を及ぼさないしくみを考えることが必要です。

コンピュータは上から下に実行するだけ

プログラムを実行するとき、コンピュータは書かれている命令を上から順番に1つずつ処理します。もちろん、条件に応じて処理を分けたい場合は、分岐やループを使うこともできますし、GO TO文やJUMP命令などを使って、指定した位置にある命令まで飛ばすこともできます。

しかし、処理したい内容を上から順番に書いていると、コードの量が増えるにつれ追加や変更などが大変だということに気づきます。例えば、プログラムのどこからでも任意の変数にアクセスできると、処理に関係のない変数の値を誤って書き換えてしまう可能性があります。複雑な処理を実装しようとすると、処理内容を順に追っていかなければなりません。

プログラミングパラダイム

そこで、できるだけ人間がわかりやすい形でソースコードを作成し、それをコンピュータが処理しやすい形に変換する方法がいくつか考えられました。そして、この方法によってプログラミング言語を分類することがあり、**プログラミングパラダイム**といいます。

有名なプログラミングパラダイムとして、手続き型やオブジェクト指向が現在も多く使われています。他にも、関数型や論理型などがあります。

例えば、それぞれのプログラミングパラダイムの代表的な言語として、次の表のような言語が挙げられます。しかし、最近ではオブジェクト指向と関数型の両方の特徴を持つような言語が多く登場しており「マルチパラダイム言語」と呼ばれます。このような言語はどこに分類するのか難しく

なっています。

命令型	宣言型
・手続き型 例）C言語、Pascal など ・オブジェクト指向 例）Java、C# など	・関数型 例）LISP、Haskell など ・論理型 例）Prolog など

処理手順を考える手続き型

　古くから使われてきたのが**手続き型**と呼ばれる手法で、実行する一連の処理をまとめたものを定義します。この一連の処理を「手続き」や「プロシージャー」、「サブルーチン」や「関数」などといい、引数と呼ばれるパラメータを渡して呼び出します。

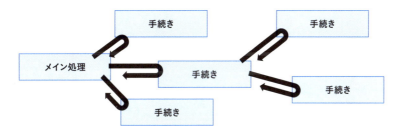

手続き型によるプログラムのイメージ

　一般に「手続き」は結果を返す必要がないとき、「関数」は結果を返す必要があるときに使われますが、プログラミング言語によっては区別せずに関数と呼ぶ場合があります。これにより、似たような処理を何度も記述する必要がなく、引数を変えて呼び出すだけで実現したい処理を実行できます。変数の有効範囲を手続きの中だけに限定し、これらを呼び出して使うことで、誤って変数を書き換えるリスクも減らせます。

データを隠すオブジェクト指向

　手続き型によってコードを再利用できるようになり、プログラムの構造

を人間が把握しやすくなったものの、大規模なプログラムを作る場合には、他にも問題が発生します。例えば、手続きをどこからでも呼び出せるため、間違えて呼び出してしまう、必要なものを呼び出さなかった、必要なデータを書き換えてしまった、などの不具合が発生する可能性があります。そして、この影響を調査するのも大変です。

そこで、**オブジェクト指向**では「データ」と「操作」をひとまとめにして考えます。ここでいう「操作」とは振る舞いのことで、そのひとまとめにしたもの（オブジェクト）を外部から操作したときに、どのような動きをするかを定義したものです。また、オブジェクトの内部にあるデータには操作を使ってしかアクセスできないように隠蔽するカプセル化と呼ばれるしくみを用意しています。

これにより、他の処理から見える必要がない操作は隠すことができるだけでなく、必要な操作だけを公開することで、誤った手順で使われることを防いでいます。

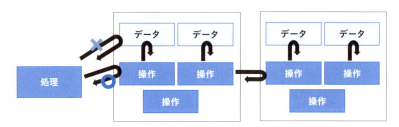

オブジェクト指向によるプログラムのイメージ

このように、処理の対象をオブジェクト単位で分割し、オブジェクト同士のメッセージのやりとりにより処理を記述することで、プログラムを修正したときの影響を最小限に抑えるようなプログラムが書けます。

 **推薦図書**

「オブジェクト指向でなぜつくるのか」、平澤 章（著）、日経BP社、2011年、ISBN978-4822284657

第2章 プログラムのしくみ

2.8 クラスとオブジェクト

保守性を高める鍵は抽象化

データと操作をひとまとめにして考える「オブジェクト指向」。現代のプログラミング言語の多くはオブジェクト指向の考え方が使われており、その考え方を知っておかなければなりません。しかし「クラス」や「インスタンス」など、独特の言葉が多く登場します。これらの言葉を整理しておきましょう。

クラスという設計図

　オブジェクト指向の考え方はよく**抽象化**と表現されます。これは、個々のデータに存在する具体的すぎる情報を取り除き、その共通点を抜き出してプログラムの設計を考えることだといえます。例えば、企業が取り扱う商品を考えたとき、その商品を分類してみると、図のような関係が考えられます。

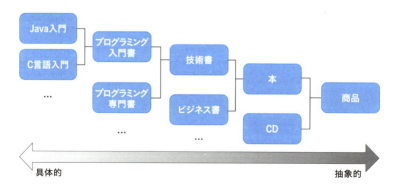

　このように、個々の商品にある特徴から、共通の部分を抜き出して抽象化していきます。そして、その設計図として**クラス**を作ります。例えば、「本」というクラスを作ると、タイトルや著者名、ページ数や価格、などのデータがあります。また、本というクラスでは、「増刷する」という操作によって、「刷り数」というデータに反映する処理を実装します。

　このように、オブジェクト指向では、「データ」と「操作」をひとまとめにして考えて設計します。

実体としてのインスタンス

クラスはあくまでも設計図であるため、実際の商品を表すものではありません。そこで、それを個々の商品として扱うために実体化する必要があります。この実体化したものを**インスタンス**（実体）といいます。ここで、本（Book）というクラスを作成し、そこからJava入門とC言語入門の本を実体化し、刷り数を更新するような処理を実装してみます。Javaであれば、以下のようなソースコードが考えられます。

サンプルコード

```java
// 本のクラスを定義
class Book
{
    private String title;
    private int page;
    private int price;
    private int release;

    Book(String title, int page, int price)
    {
        this.title = title;
        this.page = page;
        this.price = price;
        this.release = 1;
    }

    public void reprint()
    {
        this.release++;
    }

    public int getRelease()
    {
        return this.release;
    }
}
class Sample
{
    public static void main (String[] args)
    {
        // インスタンスを生成
```

2.8 クラスとオブジェクト

```
        Book java_entry_book = new Book("Java入門", 300, 2580);
        Book c_entry_book = new Book("C言語入門", 250, 2280);

        System.out.println(java_entry_book.getRelease());
        java_entry_book.reprint();
        System.out.println(java_entry_book.getRelease());

        System.out.println(c_entry_book.getRelease());
        c_entry_book.reprint();
        System.out.println(c_entry_book.getRelease());
    }
}
```

　このクラスとインスタンスの関係は、よくたい焼きに例えられます。たい焼きの場合、クラスに該当するのは「たい焼き機（たい焼きの型）」で、このクラスから「食べるたい焼き」を作ります。このたい焼きのように、クラスを元に実体化したものがインスタンスです。上記のプログラムのように、クラスを定義するだけでなく、1つのクラスから複数のインスタンスを生成し、そのインスタンスに対して処理を行うプログラムを作成します。

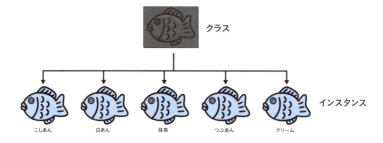

　なお、あるクラスから実体化したものをまとめて「オブジェクト」といい、固有のものそれぞれを「インスタンス」という場合もあります。

再利用できる継承と動作を変える多態性

　既存のクラスを拡張して新たなクラスを作ることもできます。これを**継承**といいます。継承を使うことにより、すでに実装されている処理を再利用でき、開発効率が高まることが期待できます。

例えば、先ほどの例であれば、本でもCDでも商品にはタイトルや価格があります。また、消費税を計算する処理は共通でしょう。これらは商品というクラスを用意しておき、本やCDというクラスではこの商品クラスを継承すると、これらをそのまま使用できます。

　さらに、**ポリモーフィズム**という考え方もあります。日本語では「多態性」「多様性」「多相性」などと訳されることがありますが、オブジェクト指向では複数のクラスに同じ名前で操作を定義できることを意味します。これにより、同じ名前の操作を呼び出したときに、そのオブジェクトが生成されたクラスが異なれば、別々の操作が実行されます。

　例えば、上記の継承関係がある本とCDに対し、消費するのに必要な「所要時間を計算する」操作を定義してみましょう。本の場合は1冊を読み終えるのにかかる時間、CDの場合は1枚を再生するのにかかる時間を求めるとします。

　本やCDのそれぞれのクラスに対し、同じ名前で別々の操作を実装します。それぞれのインスタンスを生成し、それぞれに対し「所要時間を計算する」という処理を実行すると、その結果は異なります。

　このとき、同じ名前で操作を呼び出すだけで、それぞれに合った操作が実行されます。ここで大切なのは「同じ名前で操作を呼び出す」という共通のインターフェイスが実現できる、ということです。インターフェイスが共通になると、同じインターフェイスをもつクラスであれば何でもつけ替えられることを意味します。

　このように、カプセル化や継承、ポリモーフィズムといった特徴をもつオブジェクト指向により、再利用性の高いソースコードを実現できます。

推薦図書

「オブジェクト指向における再利用のためのデザインパターン」、Eric Gamma、Ralph Johnson、Richard Helm、John Vlissides（著）、本位田真一、吉田和樹（監訳）、ソフトバンククリエイティブ、1999年、ISBN978-4797311129

第2章 プログラムのしくみ

2.9 フレームワークとライブラリ

楽したい
便利なものは
再利用

オブジェクト指向により再利用しやすいソースコードを実現できても、新たなソフトウェアを開発するときに、何もない状態からすべてを作成するのは大変です。そこで、最近ではすでに用意された「フレームワーク」や「ライブラリ」を使うことが一般的になっています。

ビジネスの世界におけるフレームワーク

　仕事で新しい課題が与えられたとき、これまでに1度も取り組んだことがない課題だとどこから手をつけていいのかわからないことがあります。しかし、もし誰かが似たような事例で取り組んだときの資料が残っていると、それを参考にできるでしょう。

　ビジネスの世界では、マーケット（市場）を分析する際に、「フレームワーク」をよく使います。3C分析（Company, Customer, Competitor）、4P分析（Product, Price, Promotion, Place）、SWOT分析（Strength, Weakness, Opportunity, Threat）などという言葉を聞いたことがある人も多いのではないでしょうか。

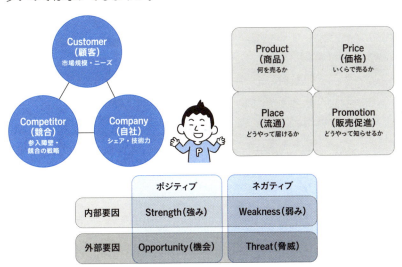

プログラミングの世界におけるフレームワーク

　これはプログラミングの世界でも同じです。新しいソフトウェアを作る場合でも、似たようなソフトウェアが既に開発されており、そのソースコードが公開されていることは珍しくありません。

　ショッピングサイトのようなWebアプリケーションを実装するのであれば、会員登録→ログイン、買い物かごに入れる→決済、といった処理はどのサイトでも共通しています。取り扱う商品は違っても処理の流れは同じであり、多くの本でも解説されています。

　このような場合、多くのプログラムで共通して使える処理が枠組みとして用意されていると、開発者はそれを使うだけです。この土台となる枠組みのことをプログラミングでも**フレームワーク**といいます。

最低限の実装で、「動くソフトウェア」を作る

　フレームワークを使うと、何も処理を実装しなくても、ある程度の機能を提供してくれます。例えば、Windowsで使われている「.NET Framework」を使うと、とりあえずウインドウを1つ開くだけのWindowsアプリケーションであれば何もソースコードを記述しなくても作成できます。

　Webアプリケーションの開発に使われるRuby on RailsなどのMVCフレームワーク（2.10参照）であれば、Model、View、Controllerというクラス（設計図）をサンプルと同じように実装するだけで、動くアプリケーションを実現できます。

　また、Webサイトを作成する場合にはBootstrapなどの「CSSフレームワーク」が使われることがあります。この場合も、特にデザインを考えなくても、フレームワークを使うだけでそれなりに見栄えの良いデザインを実現できます。

便利な機能をまとめたライブラリ

　フレームワークと似た言葉として**ライブラリ**や**パッケージ**があります。これもよく使われる便利な機能をまとめたもので、メールの送信やログの記録、数学的な関数や画像処理、ファイルの読み込みや保存など多くの機能が用意されています。

　これらのライブラリを組み合わせて使うことで、実現したい機能を簡単に実装できることがあります。複数のプログラムが似たような処理を行うのであれば、共有して使えるようにしておくことで、メモリやハードディスクなどの記憶領域を有効利用することにもつながります。使いたい部品が入っている「道具箱」をイメージするとよいでしょう。

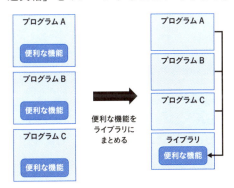

フレームワークとライブラリの違い

　フレームワークとライブラリの違いとして、フレームワークが土台としてさまざまな処理を自動的に用意してくれるのに対し、ライブラリは開発者が指示しない限り何もしないことが挙げられます。

　つまり、図のように、あなたが作りたいソフトウェアの下にはフレームワークがあり、似たようなソフトウェアで必要な機能を提供してくれます。さらに、誰かが提供してくれたライブラリを使用することで、あなたが作るソフトウェアの特徴を実現できます。

　開発者は、このフレームワークに合わせてカスタマイズしたい部分を記

述し、ライブラリを呼び出す処理を実装することで、新たなソフトウェアを短時間で開発できるようになります。

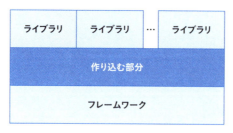

フレームワークとライブラリの関係

コラム オレオレフレームワーク

　世の中には多くのフレームワークが公開されていますが、それを使わずに社内で独自にフレームワークを開発しているという話をよく聞きます。このような独自フレームワークは「オレオレフレームワーク」と呼ばれることがあります。

　その背景には、既存のフレームワークは機能が多すぎて覚えるのが大変、外部の人が作ったフレームワークは信頼できない、などの理由があります。しかし、一般的にはオープンソースのフレームワークの方がセキュリティなどを複数の人が検証していることが多く、一度使い方を覚えてしまうと便利なことも多くあります。

　自分たちで作ることは内部のしくみを理解できるなど、スキルアップにつながることはメリットだといえますが、実際に運用するようなシステムでは使わない方がよいでしょう。

 推薦図書

「プリンシプル・オブ・プログラミング」、上田 勲（著）、秀和システム、2016年、ISBN978-4798046143

第2章 プログラムのしくみ

2.10 MVCとMVVM

担当に分けて作れば管理楽

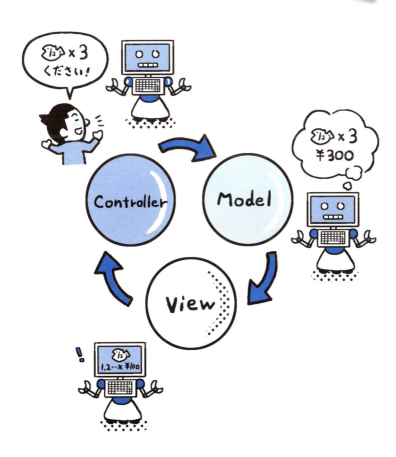

プログラムを開発する場合、保守性や開発の効率を考慮して、機能ごとに分割して実装することによる作業の分担を考えます。例えば、画面のデザインをシステムの内部処理と分離することで、デザイナとプログラマが仕事を分担できます。1人で作業する場合でも、機能ごとに分割しておくことで、プログラム全体を通して修正すべき点がわかりやすくなります。この分割方法としてよく使われるMVC（Model-View-Controller）やMVVM（Model-View-ViewModel）という考え方について知っておきましょう。

GUIアプリケーションなどによく使われるMVC

　Webアプリケーションなどを開発する場合、入力を受け付けて、データの保存、出力の表示まで1つのソースコードで実装することも可能です。しかし、このような方法ではデザインを少し変えるだけなのにデータを保存する部分まで含まれたソースコードを変更しなければなりません。

　しかし、画面のデザインを担当するデザイナーが、複雑な業務内容が実装されたソースコードを読み解いて、デザインの変更に必要な部分を探すのは大変です。また、データの保存方法を変更しようと考えたプログラマがプログラムを修正したとき、その修正内容が、デザインに影響してしまう可能性もあります。

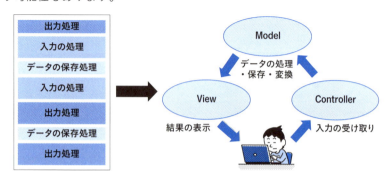

ひとまとまりのソースコードをMVCに分割

そこで、GUIアプリケーションの多くで、ソースコードを大きくモデル、ビュー、コントローラーの3つに分割する**MVC**が使われています。Webアプリケーションでも、JavaでのStrutsやSpring、RubyでのRuby on Rails、PHPでのCakePHPやLaravelなど、多くのフレームワークがMVCを採用しています。そこで、MVCのそれぞれがもつ役割について、以下で1つずつ解説していきます。

データやビジネスロジックを管理する「モデル」

データを扱わないアプリケーションはほとんど存在しませんが、扱うデータをどのように保存するのが適切かはその業務によって異なります。例えば、掲示板のようなWebアプリケーションを作成する場合、その投稿内容をテキストデータとしてテキストファイルに保存することもできます。

ところが、画像も投稿できるようにする、他のページへのリンクや連絡先を追加できるようにする、などの機能を追加すると、テキストファイルだけでは対応が難しくなります。一般的にはデータベース（3.8を参照）を使うことで、データの修正や削除など注意が必要な処理でも簡単に実装できるでしょう。

データベースに保存する場合でも、より安価なデータベース製品に移行する可能性もあります。このとき、移行先のデータベースによってはソースコードを書き換えなければならない可能性があります。

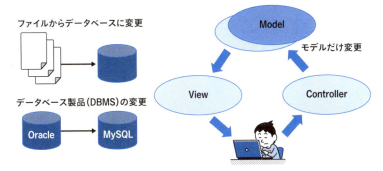

このように、各プログラムには「システム固有の処理」があり、「ビジネスロジック」と呼ばれることがあります。つまり、どのようなデータが入力され、どのように処理し、どのように保存するか、といった処理内容や手順がビジネスロジックに該当します。これは他のシステムと異なる部分であり、差別化できる部分でもあります。このようなビジネスロジックを担う部分を**モデル**といい、後述する「コントローラ」から指示された処理を行います。

　データを保存するデータベース製品を他の製品に変更するときも、利用者に見える画面の項目などを変更しない場合は、画面に出力しているプログラムを変更したくありません。そこで、データベースに保存する部分をモデルとして分割しておくことで、別のデータベースに保存することになってもモデルだけを変更すれば済み、修正の影響を最小限に抑えることができます。

画面を担当する「ビュー」

　名前の通り画面の表示など見た目に関する処理を行うのが**ビュー**です。システム内でデータを画面に表示したり、入力欄を制御したり、といった処理を行います。同じデータを扱うプログラムでも、パソコンとスマホでは画面のサイズが異なりますので、表示内容を変えたい場合があります。また、Webアプリケーションとデスクトップアプリケーションで同じデータにアクセスしている場合など、表示方法は異なっても、データはいずれも同じ外部のサーバーに保存している場合があります。

　このとき、画面を担当するビューを他の部分と分離しておくことで、表示するレイアウトや実行環境を変えた場合にも、ビューだけを変更すれば対応できます。また、デザインを担当するデザイナーなどと分業して作業を進めることで、効率よく開発を進めることにもつながります。

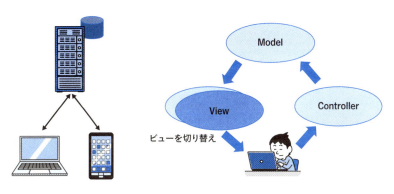

画面への表示部分を担う「ビュー」

　1つのWebアプリケーションだけを考えても、入力項目のレイアウトを変えるだけで使い勝手が大幅に向上することがあります。このため、デザインの変更はシステム内部の変更よりも頻繁に発生することも考えられます。

処理を制御する「コントローラ」

　上記で作成したモデルやビューを制御する役割を担うのが**コントローラ**です。利用者が画面から入力した値をモデルに渡し、その結果としてモデルから受け取ったデータをビューに渡して出力する、といった制御を行います。

　ある入力に対してモデルで処理を行い、得られた結果をビューで表示する、というのは正常時の制御です。ところが、モデルで処理を行った結果、エラーが発生した場合はエラー画面を表示するような制御が必要です。また、利用者が使っている画面サイズに応じてビューを切り替える、といった制御も行います。このような制御がコントローラの重要な役割だといえます。

双方向にデータをやりとりするMVVM

　最近では、データが書き換えられた場合に画面上のグラフを更新するな

ど、すぐに画面上に反映することが求められる場合もあり、**MVVM**という方法が使われることがあります。モデルとビューは上記と同様の考え方ができますが、一方でのデータ更新がもう一方に反映される**双方向データバインディング**が特徴です。

データバインディングとは文字通り「データを結びつける（Bindする）」という意味で、双方向データバインディングによりビューのデータが更新されるとモデルに反映されますし、データが更新されるとビューに反映されます。このとき、モデルやビューで更新されたデータをもう一方に反映する役割を果たすのが「ビューモデル」です。

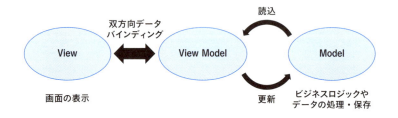

相互にデータを反映することで、コントローラのような制御が不要になり、プログラマがモデルやビューを実装するときに、ビジネスロジックなど内部の実装に集中できます。

MVVMはどのようなところで使われているんですか？

Windowsのアプリはもちろん、AndroidアプリやWebアプリでも使われることが増えていますよ。

 推薦図書

「プロになるためのWeb技術入門」、小森裕介（著）、技術評論社、2010/4/10、978-4774142357

第2章 プログラムのしくみ

2.11 APIと システムコール

API 便利な機能呼ぶ仕組み

ほかの人が作ったライブラリを使う場合、その方法はいくつかあります。逆に、他の人に使ってもらうために、どのような形で公開しておくのがよいのか、その方法について知っておきましょう。

ソースコードを埋め込む

　ほかの人が作ったライブラリを使うとき、ソースコードをコピーして埋め込む方法は簡単に実現できます。最近はオープンソースのソフトウェアも増えており、公開されているソースコードを参考にして新たなソフトウェアを作ることもできます（第4章で解説するようにライセンスには注意が必要です）。

　この方法のメリットとして、ライブラリに依存する必要がないことが挙げられます。作ったソフトウェアをほかの人に配布する場合、ライブラリのバージョンが違うことによる互換性が問題になる場合がありますが、外部のライブラリを使わずにソースコードに埋め込むと、このような問題が発生しにくくなります。

　なお、2.9節で解説したように、共有ライブラリを使うことでメモリやハードディスクなどの記憶領域の有効利用が可能になりますが、埋め込んでしまうとこのメリットが失われてしまいます。

APIによる操作

　既存のライブラリを共有して使うには、そのライブラリを呼び出す方法を「ライブラリを利用する開発者」が知っている必要があります（ライブラリの開発者は当然呼び出す方法を知っているのですが、「ライブラリの開発者」と「ライブラリを利用する開発者」は違うことがほとんどです）。

　このようなライブラリとの窓口に当たるのがインターフェイスです。GUIやCUIのように、人間とコンピュータの間にもインターフェイスという言葉を使いますが、コンピュータ同士でデータを受け渡す場合にもこの言葉

を使います。

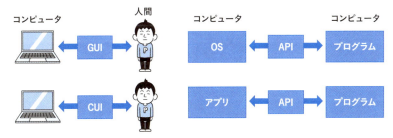

「GUI」は人とコンピュータをつなぎ「API」はコンピュータ同士をつなぐ

ソフトウェアでライブラリを呼び出すときに使われるインターフェイスが **API（Application Programming Interface）** です。OSが提供する機能を使うためのAPIもあれば、各種ライブラリを使うためのAPIもあります。

例えば、WindowsにはCreateWindowというウインドウを生成するAPIが存在します。このAPIを呼び出せば、画面にウインドウを表示できます。また、MicrosoftのOutlookが備えるAPIを呼び出せば、メールの送信や予定表の取得なども可能です。

このようなAPIを使うと、ライブラリのソースコードがなくても、インターフェイスさえわかればライブラリの機能を呼び出して使うことができます。

インターネット上で使うAPI

最近では、Web APIと呼ばれるインターフェイスも登場しています。インターネット上で公開されているWebサービスを呼び出して、結果を得る方法で、他のサービスとの連携を容易に実現できます。例えば、Googleが提供しているGoogle Chart APIを使うと、データを渡すだけでグラフを作成できます。また、FacebookやTwitterなどのSNSの多くは投稿などのAPIを用意していますので、これらを使うと独自に開発したアプリからSNSに投稿するプログラムを開発できます。

APIによる機能呼び出しのイメージ

ただし、WebAPIの場合、APIを提供する側としては、多く利用されるとそれだけサーバー側の負荷が高まるため、一定時間あたりに利用できる回数を制限している場合もあります。利用規約などを確認し、その制限を超えないように注意しなければなりません。

OSにおけるシステムコール

ハードウェアを制御するソフトウェアを作成する場合、直接ハードウェアにアクセスしたい場合があります。しかし、アプリケーションが勝手にハードウェアを操作することは許されていません。

そこで、APIと似たしくみとして、OSが用意する**システムコール**を使う方法があります。OSの内部にある「カーネル」に処理を依頼してハードウェアを制御する方法で、カーネルが提供するAPIがシステムコールだといえます。

一般的なプログラミングの範囲では、システムコールを使うような場面はほとんどありません。多くの場合はプログラミング言語が用意しているライブラリを使用して開発するだけで十分ですが、一部のシステムなど処理速度が求められる場合やハードウェアを制御したい場合に、システムコールが使われることがあります。

 推薦図書

「エリック・エヴァンスのドメイン駆動設計」、Eric Evans（著）、今関 剛（監修）、和智右桂、牧野祐子（翻訳）、翔泳社、2011年、ISBN978-4798121963

第3章

アプリケーションが動くしくみ

第3章 アプリケーションが動くしくみ

3.1 デスクトップアプリとスタンドアロンアプリ

単独のアプリに求める処理速度

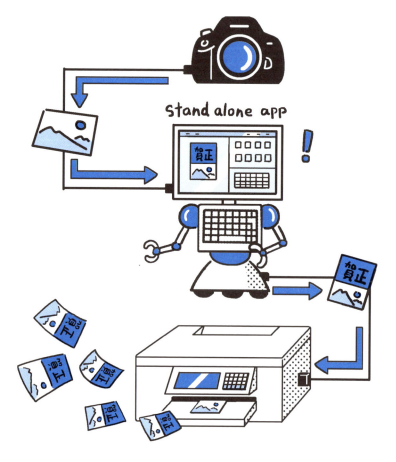

プログラムを開発するときには、どのような環境で実行されるのか、その環境の特徴を理解しておく必要があります。ネットワークを制御するプログラムや、USB接続したハードウェアを制御するような場合、コンピュータにインストールする必要があります。この場合は配布方法も含めて検討しなければなりません。

インストールが必要なデスクトップアプリ

　パソコンにインストールして使うアプリは**デスクトップアプリ**と呼ばれ、単にアプリケーションと言った場合はデスクトップアプリのことを指すことが一般的でした。昔はCDやDVDを購入してインストールしていましたが、最近はインターネットからダウンロードしてインストールする方法が増えています。

　インターネット経由で提供されるWebアプリケーションと区別するため、明示的にデスクトップアプリと呼ぶことが多くなっています。インターネットに接続しなくても使用できるため、**スタンドアロンアプリ**と呼ばれることもあります。メモ帳や電卓のようなアプリだけでなく、音楽や動画を再生するアプリやDVDなどのハードウェアを制御するアプリなどもあります。

誰でも使えるインストーラを用意する

　デスクトップアプリをインストールする場合、必要なファイルを手作業で配置して、1つずつ設定する方法もあります。しかし、利用者のスキルに差があることを考えると、間違えずに作業してもらうのは大変です。そこで、自動的に設定できるように開発者が設定プログラムを用意しています。

インストールウィザードの例

　インストールを行うソフトウェアを**インストーラ**と呼ぶこともあります。多くの場合、対話形式で操作を進めることで設定が完了する「インストールウィザード」や「セットアップウィザード」と呼ばれる形式が使われます。このプログラムを実行するだけで、OSや利用者の環境に合わせて適切な設定が行えるため、利用者の負担は少なくなります。

　開発者としては、利用者が導入に迷うことがないように、各種設定を自動的に行えるインストーラを作成し、配布しています。また、使わなくなったソフトウェアを削除することを「アンインストール」といいます。これにより、実行プログラムを削除するだけでなく、設定も元に戻します。

　もしこの処理が正しく行われなければ、ほかのソフトウェアが動作しない、不安定になる、といった可能性もあるため、正しい手順でアンインストールしなければなりません。

ハードウェアを最大限に活用できる

　このようにインストールなどの手間がかかるにも関わらず、デスクトップアプリが使われる理由として、ハードディスクや各種デバイスに直接アクセスできることが挙げられます。カメラやDVD、USBなどコンピュータのハードウェアを制御したい、ゲームアプリで性能が求められるなどの場合はCPUやGPUを最大限活用できるのです。

　ただし、特定のOSに向けて作られたアプリは他のOSでは動きません。OSがバージョンアップするだけで使えなくなる、異なるハードウェアの場

合には動作しないものがある、などの注意点も考えなければなりません。

コラム 組込みソフトウェアという分野

　工場で使われる機器や家電など、ハードウェアと一体になって提供されるソフトウェアに「組込みソフトウェア」があります。パソコンと比べ、CPUの性能も低く、メモリ容量も限られている中で、利用者の操作に対して速やかに応答することが求められます。

　パソコン用のソフトウェアのように簡単に更新することはできず、利用者のITスキルも高くないことが想定されるため、不具合などがあっても簡単に修正することはできません。

　そのようなソフトウェアを開発するのは大手メーカーが中心でしたが、最近ではRaspberry PIやArduinoなどの安価なマイコンが登場し、手軽に扱えるようになってきました。センサーやLEDなど、パソコンと接続して制御するのは面倒な機器も簡単に接続できるため、ちょっとした電子工作に興味を持つ人も増えています。しかし、ハードウェアに詳しくないとなかなか最初のハードルが高いのも事実です。

　最近はレジのPOSシステムやカーナビなども、これまでの組み込み機器とは異なり、パソコンやスマートフォンと同じ技術を使ったものが登場しています。組込みソフトウェアならではの技術が求められることは減っていくかもしれませんが、ロボットなどが当たり前のように使われる時代が来ると、ますます注目を浴びる分野だと思います。

 推薦図書

「独習C#　新版」、山田祥寛（著）、翔泳社、2017年、ISBN978-4798153827

第3章 アプリケーションが動くしくみ

3.2 Webアプリとスマートフォンアプリ

圏外でなぜ使えるか考えよう

FacebookやTwitterなど、Webブラウザでアクセスできるサービスでも、スマートフォン向けのアプリが提供されている場合があります。Webブラウザで閲覧すれば、アプリをダウンロードする必要もありませんし、開発者にとっても開発するものが少なくなって助かります。それでも、スマホアプリを提供するのには、それだけの理由があります。どのような違いがあるのか、これらを比べてみます。

Webアプリの特徴

　ショッピングサイトなどの場合、利用者が選択した商品によってカートの金額を変え、購入に進む、といった処理が必要です。また、ブログなどの場合には、入力された内容をサーバーに保存し、表示する必要があります。このように利用者の行動に合わせて異なる動作をするためには、Webサーバー側でプログラムを実行して処理を行う必要があります。このようなプログラムを**Webアプリケーション**といいます。

　利用者はWebブラウザを使って該当のWebアプリにアクセスします。Webブラウザがインストールされている端末であれば利用できるため、パソコンやスマートフォンの違いを意識する必要もありませんし、端末の性能の違いにもほとんど影響を受けません。しかし、インターネットに接続できていない状態では使えない、というデメリットもあります。

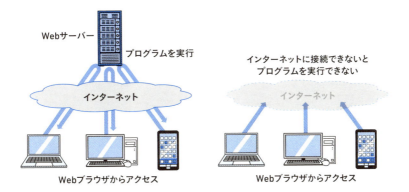

3.2 Webアプリとスマートフォンアプリ　097

知っておきたいキャッシュの考え方

　Webサイトを閲覧していると、インターネットに接続していなくても、以前にアクセスしたときの内容が表示されることがあります。実は、Webサイトを閲覧しているときは、毎回Webサーバーにアクセスしてダウンロードしているわけではありません。一度アクセスしたことがあれば、そのときにダウンロードしておいたファイルにアクセスしています。

　明確に意識していなくても「検索サイトで結果が表示された」「Webサイトを閲覧した」といった場合にも、リンクをクリックするたびにそのページの内容をWebブラウザがコンピュータ内にダウンロードしているのです。このため、ダウンロードしたファイルは**キャッシュ**としてコンピュータの中に保存されています。これによりWebサーバーの内容が変わっていなければ、2回目以降のアクセスの場合はWebサーバーに接続しなくてもページの内容を表示できます。これによりページの表示を高速化できます。

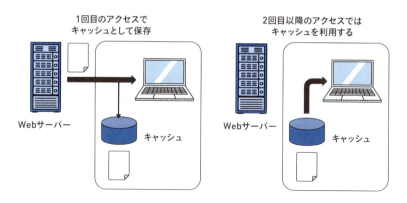

同じ利用者を把握するCookie

　Webアプリケーションでは、ログインなどの操作によって個人を識別することが一般的です。しかし、HTTP（3.6参照）は要求したファイルを送信するだけで挙動を完結するため、複数のページに渡って同じ利用者がアクセスしていることを識別できません。つまり、リンクをクリックしてペー

ジを移動していても、別々の利用者であると認識しているのです。これでは、ショッピングサイトなどで誰が商品を買ったのかわからなくなってしまいます。

そこで使われるのが**Cookie**で、クライアントであるパソコンやスマートフォンに保存されています。該当のWebサイトにアクセスする際に、このCookieを合わせて送信することで、個々の利用者を識別しています。

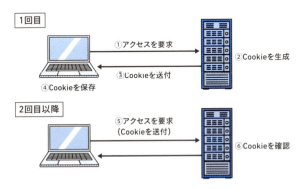

スマホアプリの特徴

一方、スマホアプリは、利用者がアプリをダウンロードして端末にインストールします。アプリが単体で動作する場合は、インターネットに接続していなくても使用できます。Webサーバーと通信してデータを取得する場合もありますが、この場合は内部にWebブラウザがあり、Webアプリと同等の処理が行われていると考えることもできます。

つまりスマホアプリには、Webアプリの機能に加えて、端末がもつプッシュ通知や位置情報といった便利な機能を利用できるという特徴があります。さらに、自動ログインの機能などを実現できることもメリットです。また、課金などを考えると、Webアプリでは独自に決済機能を用意する必要がありますが、スマホアプリではGoogleやAppleが提供するアプリストアの提供する機能を利用できます。

インターネットに接続する必要がないゲームなどの場合には、スマホアプリであればオフラインでも動き、ハードウェアの性能を最大限に活かせ

るため高速に動作します。これを考えるとスマホアプリの方が有利な場面は多くありますが、開発者としては、iPhoneであればiPhone向けのアプリ、AndroidであればAndroid向けのアプリを提供する必要があります。利用者のOSのバージョンによっては動かない可能性も考えなければなりません。また、利用者にスマホアプリをインストールしてもらわなければならない、という問題もあります。

スマホアプリとWebアプリのメリット／デメリット

	スマホアプリ	Webアプリ
メリット	・ゲームなどハードウェアを最大限に活用できるため高速に動作する ・課金などのしくみを使える	・Webブラウザだけで動作するため、アプリのインストールが不要 ・OSのバージョンなどの違いを意識する必要がない
デメリット	・インストールしてもらう必要がある ・利用者のOSによっては動かない場合がある	・ハードウェアを最大限には使えないため、ゲームなどには不向き ・課金などのしくみを開発者が用意する必要がある

自由なデザインが可能なスマホアプリ

　デザイン面でも、Webアプリでは使えるボタンや入力フォーム、レイアウトなどが限られています。しかし、スマホアプリでは自由なデザインが可能です。利用者の使い勝手を向上させる工夫ができるともいえるでしょう。もちろん、ニュースサイトやレシピサイトなど、コンテンツをアプリとして表示させるだけであればWebアプリでも十分ですが、プッシュ通知などの機能を求める場合は、スマホアプリを使うことになります。

　最近では、Webサイトを使って広く浅く顧客を獲得し、利用頻度の高い利用者に対してはアプリをインストールしてもらって長く使う工夫をするなど、実行環境を使い分けている企業も出てきています。

 推薦図書

「絶対に挫折しないiPhoneアプリ開発「超」入門 第7版」、高橋京介（著）、SBクリエイティブ、2018年、ISBN978-4797398557

第3章 アプリケーションが動くしくみ

3.3 プロトコルと TCP/IP

Webアプリが当たり前になった現代では、プログラムに通信機能が求められることは珍しくありません。ネットワークを構築するエンジニア以外であってもネットワークに関する基礎知識は必須です。複数のコンピュータがどのようにデータをやりとりしているのか、そのしくみを知っておきましょう。

異なるコンピュータがやりとりする共通の言葉「プロトコル」

　人間が会話する場合も、一方が英語を使い、もう一方が日本語を使っていては会話が成立しません。また、一方が手紙を使い、もう一方が電話を使っても会話の成立には時間がかかります。これはインターネットなど、異なるコンピュータが情報をやりとりする場合も同様で、双方が共通のルールを使うことが必要です。

　このような共通のルールを**プロトコル**（Protocol）と呼び、「相互間の規約」や「通信規約」と訳されることもあります。いろいろな取り決めを定めた「約束ごと」という意味で理解しておくとよいでしょう。

　コンピュータの世界では、異なるメーカー、異なる設計で開発された機種が混在していますが、取り決めをしておけば間違えることなく情報を交換できます。この取り決めが、人間の世界で言うところの「共通言語」であり、ネットワークの世界では「通信プロトコル」です。

資格試験などでよく登場する「OSI参照モデル」

　プロトコルの説明をするときに、よく使われるのが**OSI参照モデル**で、表のような階層構造になっています。それぞれの階層で通信機能の役割を分担する、という考え方に基づいて設計されていますが、実際には次に解説するTCP/IPが普及したため、現在は概念として整理するために使われることが多くなっています。

OSI参照モデル

OSI参照モデルの階層	役割
アプリケーション層	アプリケーションに対してネットワーク機能を提供する
プレゼンテーション層	文字コードなどデータ形式の違いを補正する
セッション層	通信プログラム間で通信の同期を取る
トランスポート層	データ伝送の信頼性を確保し、相手に届ける
ネットワーク層	複数のネットワークでも適切な経路を選択する
データリンク層	データの送信先を認識して中継先を選択する
物理層	ビット列を電気信号に変換、中継する

インターネットで標準的に使われる「TCP/IP」

インターネットで使われている標準的なプロトコルとして **TCP/IP** があります。OSI参照モデルよりもシンプルな階層構造になっていますが、階層を分けるという考え方は全く同じです。

TCP/IP

OSI参照モデルの階層	TCP/IPの階層	プロトコル
アプリケーション層	アプリケーション層	HTTP,SMTP,POP,FTP…
プレゼンテーション層		
セッション層		
トランスポート層	トランスポート層	TCP,UDP,…
ネットワーク層	インターネット層	IP,ICMP,…
データリンク層	リンク層	イーサネット,PPP,…
物理層		

　送信側は上位の層から順番に処理し、各層のデータにヘッダ情報を付加して、包み込んでいきます。逆に、受信側はヘッダ情報に基づいて下位の層から順番に処理し、ヘッダ情報を取り外していきます。これは、私たちが封筒で郵便を送るときの手順に似ています。

	送信側	
	TCP/IP	郵便
	アプリケーション層	文章
	トランスポート層	名前
	インターネット層	住所
	リンク層	郵便配達

	受信側	
	TCP/IP	郵便
	アプリケーション層	文章
	トランスポート層	名前
	インターネット層	住所
	リンク層	郵便配達

送信側は上位層から、受信側は下位層から処理する

このとき、上の階層では、下の階層が何をしているかを知る必要はありません。例えば、封筒をポストに投函すれば、郵便配達がどのような経路で配達するか、という部分は任せることができます。また、郵便配達を使わずに、他の配送サービスを使うこともできます。このように、階層の一部だけを他のプロトコルで置き換えることができます。

例えば、トランスポート層ではTCP(Transmission Control Protocol)とUDP(User Datagram Protocol)というプロトコルがよく使われます。それぞれ、TCPは確実に届ける、UDPは高速に処理する、という特徴があります。

TCPでは確実に届けるために、パケット（通信データを分割したもの）の順番を並べ替えたり、届いていないデータの再送を要求したり、といった通信の制御を行います。TCPによって確実に届くことが保証されるため、アプリケーション開発者はデータが届いていない、誤って届いてしまう、ということを意識する必要がなくなります。

一方、音声や映像などのリアルタイム性が必要なデータでは、確実に届くことよりも遅延が少ないことの方が重要です。そこで、高速に処理できるUDPを使います。高速に処理できるだけでなく、負荷も抑えられることから遅延を減らす効果があります。ただし、データが届かない場合に再送するなどの制御が必要な場合は、アプリケーションの開発者が実装する必要があります。

これらのプロトコルを選んで組み合わせることで、目的に応じた通信を実現しているのです。

ルーター、スイッチ、ハブ、ブリッジの違い

ネットワークを構成する機器として、ルーターやスイッチ、ハブやブリッジなどがあります。これらの違いを理解するには、このネットワーク機器がOSI参照モデルやTCP/IPの階層において、どの層に該当するのかを知ることが大切です。

ルーターはOSI参照モデルにおけるネットワーク層（第3層）に該当する機器で、IPアドレスの変換などを行います。ここで使われる「IP(Internet Protocol)」は相手にデータを届ける役割を担い、ネットワーク間でパケットを中継するという、インターネットには必須の技術です。

スイッチやブリッジは主にOSI参照モデルの第2層で動作する機器で、同じネットワーク内の中継を行います。ブリッジは名前の通り「橋」のようにネットワークの橋渡しの役割を担います。最近ではL3(Layer 3)スイッチと呼ばれるスイッチもあり、こちらは名前の通り第3層で動作します。

リピータやハブはOSI参照モデルの第1層で動作する機器です。ハブは自転車のホイールの中心を意味する言葉で、中心となることを表します。「ハブ空港」と言われるように、ネットワークの中心となってつなぐ役割を担います。

OSI参照モデルとネットワーク機器

レイヤー	OSI参照モデルの階層	ネットワーク機器
7	プレゼンテーション層	-
6	アプリケーション層	-
5	セッション層	-
4	トランスポート層	-
3	ネットワーク層	ルーター、L3スイッチ
2	データリンク層	スイッチ(L2スイッチ、スイッチングハブ)、ブリッジ
1	物理層	リピータ、ハブ（リピータハブ）

 推薦図書

「マスタリングTCP/IP 入門編」、竹下隆史、村山公保、荒井 透、苅田幸雄（著）、オーム社、2012年、ISBN978-4274068768

第3章 アプリケーションが動くしくみ

3.4 IPアドレスとDHCP

どこにいる？相手の場所を知るしくみ

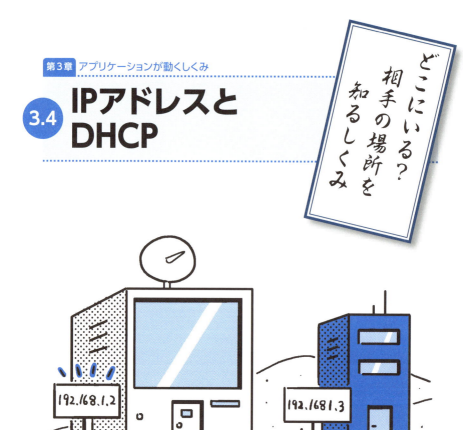

世界中にあるたくさんのコンピュータを一意に識別し、データを正しい相手に届けるためには、ネットワーク上のコンピュータを経由して中継するしくみが必要です。ネットワークに繋がっている端末をどのようにして識別しているのか、そのしくみを知っておきましょう。

ネットワークにおける場所を示すIPアドレス

　ハガキや封筒を使って郵送する場合は相手の住所が必要です。インターネットを使ってデータを送受信する場合も同じで、相手のコンピュータがネットワーク上のどこにあるのかを識別しないといけません。

　封筒に相手の住所を書くように、ネットワーク上でやりとりするパケットにも宛先のコンピュータの場所が記録されています。このとき、ネットワーク上の場所を示すために使われるのが**IPアドレス**です。

　ネットワークに接続しているすべてのコンピュータにIPアドレスが割り振られており、コンピュータを一意に識別できます。これは、サーバーだけでなく、パソコンやスマートフォンのような利用者側の端末であっても同じです。

複数のアプリケーションを識別するポート番号

　コンピュータでは複数のアプリケーションが利用できるため、1台のコンピュータで複数の役割を担うことは珍しくありません。例えば、1つのサーバーでWebサーバーとメールサーバー、データベースサーバーなどを構築する場合があります。このとき、ネットワーク上にあるサーバーの場所をIPアドレスで認識しても、どのアプリケーションで使うデータなのか知る必要があります。そこで、ポート番号というしくみを使います。例えば、以下の表のように0～1023の範囲にあるポート番号がよく使われ、**ウェルノウンポート**と呼ばれます。また、新しいポート番号をアプリケーションに割り当てることもできます。

ウェルノウンポート

ポート番号	サービス（アプリケーション）
20	FTP(ファイル転送のデータ)
21	FTP(ファイル転送の制御)
22	SSH(サーバーの操作など)
23	Telnet(サーバーの操作など)
25	SMTP(メール送信)
80	HTTP(Web閲覧)
110	POP3(メール受信)
443	HTTPS(Web閲覧)
465	SMTP over SSL(メール送信)
587	Submission(メール送信)

現在もまだまだ使われるIPv4アドレス

　IPアドレスとして、これまで**IPv4**（**Internet Protocol version 4**）と呼ばれる32ビットの整数値が使われてきました。内部では2進数で処理されていますが、これでは人間が覚えたり読むのが大変なため、8ビットの整数を4つつなげて表記することが一般的です。

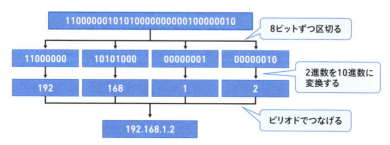

　32ビットで表現できるのは最大で43億個程度であり、世界中の人が使うにはIPアドレスが不足します。最近ではインターネットに接続する人が増え、1人でパソコンとスマートフォンなど複数の端末を使う人も珍しくありません。さらに、家電やスマートスピーカーのような機械もインターネットに接続するようになっており、IoT(Internet of Things；モノのインターネット)という言葉も使われています。

IPアドレスを変換する

そこで使われるのが内部のネットワークだけで有効なIPアドレス（プライベートIPアドレス）です。しかし、このプライベートIPアドレスではインターネットには接続できません。そこで、インターネットで使われるIPアドレス（グローバルIPアドレス）と、プライベートIPアドレスを変換するしくみが用意されています。

これが**NAT**（**Network Address Translation**）で、ルーターにおいてプライベートIPアドレスとグローバルIPアドレスの変換を行います。これにより、内部のネットワークで複数のコンピュータを使っても、グローバルIPアドレスは1つで済ませられます。また、同時に複数のコンピュータをインターネットに接続できるように、NAPTというしくみも使われています。IPアドレスだけでなく、ポート番号も使うことで、別々のコンピュータを識別できるように変換しているのです。

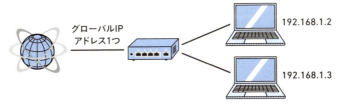

NATによるプライベートIPアドレスの変換イメージ

自動的にIPアドレスを付与するDHCP

内部のネットワークにコンピュータを接続するとき、重複しないIPアドレスを割り当てる必要があります。いつも固定のIPアドレスを割り当てておく方法もありますが、コンピュータの数が増えると管理するのが大変です。パソコンを接続するネットワークが常に1つだけであれば大きな問題にはなりませんが、最近ではノートパソコンを持ち運び、違うネットワークに接続する場合もあります。

そこで、ネットワークに接続するときに、ルーターなどの機器がパソコ

ンにIPアドレスを自動的に付与するしくみがあります。これが**DHCP**
(**Dynamic Host Configuration Protocol**)というプロトコルで、接続
したいコンピュータに対して、空いているIPアドレスを自動的に付与して
くれます。これにより、同じネットワーク内で重複することなく、IPアド
レスを使用できます。

徐々に普及しているIPv6アドレス

　NATやNAPTのしくみによってIPアドレスの不足を回避できますが、根
本的に足りていない状況を解決するために、**IPv6**(**Internet Protocol
version 6**)が使われるようになりました。IPv6では、IPアドレスとして
128ビットの整数値が使われます。32ビットから128ビットだと4倍に思
えるかもしれませんが、1ビット増えると2倍、2ビットでは4倍、3ビッ
トでは8倍になるため、128ビットでは膨大な数のコンピュータを識別で
きることになります。128ビットの場合も人間が読みやすいように16進数
の値を8つ、コロンでつなげて表現します。

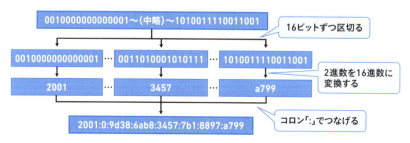

　なお、0が続く場合などには省略記法が使われることもあります。

推薦図書

「おうちで学べるネットワークのきほん」、Gene(著)、翔泳社、2012年、
ISBN978-4798125268

第3章 アプリケーションが動くしくみ

3.5 ホスト名とDNS

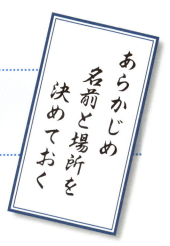

あらかじめ名前と場所を決めておく

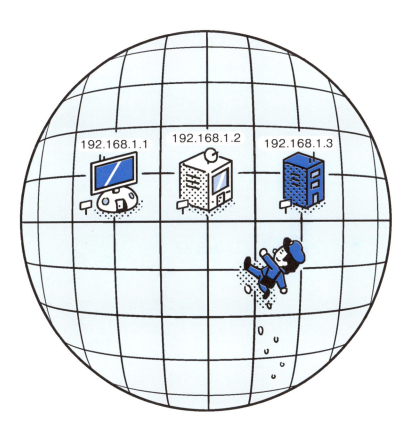

複数のコンピュータがネットワークに接続されていると、それぞれのコンピュータを識別するために人間がIPアドレスを覚えておくのは大変です。そこで、コンピュータに名前をつけます。このとき、ルーターなどの機器がどのように名前とIPアドレスを対応づけているのか、そのしくみを知っておきましょう。

IPアドレスが変わっても接続するために

　ネットワークに接続したときに使われるIPアドレスは、DHCPを使うと割り当てられるIPアドレスが接続するたびに変わります。つまり、前回使っていたIPアドレスとは異なるアドレスが付与される可能性があります。また、サーバーのように固定のIPアドレスでネットワークに接続している場合でも、ネットワークの構成を変更したり、事業者を変更・移転したりするとIPアドレスが変わります。つまり、同じIPアドレスのコンピュータを調べると、時間が経つと異なるコンピュータに変わっている可能性があります。

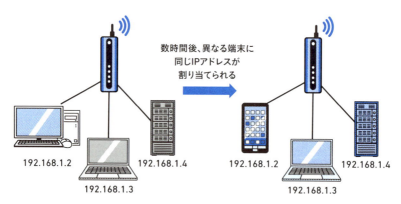

　そこで、**ホスト名**と呼ばれる名前を使ってコンピュータを識別します。ネットワークに接続するコンピュータにはすべて名前がついているのです。Webサーバーなどの場合はドメイン名（Yahoo!JAPANの場合はyahoo.co.jp）を覚えている人は多いと思いますが、ホスト名はドメイン名とは異

なり、個々のコンピュータに付与された名前です。

わかりやすいのが「https://www.yahoo.co.jp」というURLでアクセスする場合の「www」です。これはyahoo.co.jpというドメイン（領域）にある「www」というホスト名が付いたコンピュータにアクセスすることを意味します。

ホスト名とIPアドレスを対応づけるDNS

ホスト名がわかっても、そのIPアドレスがわからないと接続できません。そこで、ホスト名とIPアドレスの対応表を使い、ホスト名からIPアドレスを調べることを「名前解決」と呼びます。このときに使われるのが**DNS**（**Domain Name System**）で、与えられたホスト名からIPアドレスを返す機能をもつサーバーが**DNSサーバー**です。

個々のDNSサーバーは、自身が管理するドメイン内の情報と、サブドメインのDNSサーバーのみを把握しています。上位ドメインはサブドメインのDNSサーバー情報を保持しており、そのサブドメイン以下の情報についてはサブドメインのDNSサーバーにより名前解決を実施します。例えば、技術評論社のWebサーバーのIPアドレスを問い合わせる場合、以下のような手順で行われます。

① プロバイダのキャッシュDNSサーバーに問い合わせる
② キャッシュDNSサーバーが知らない場合、ルートDNSサーバーに問い合わせる（知っている場合はそのまま回答する）
③ ルートDNSサーバーは「jp」のDNSサーバーのいずれかに問い合わせるように回答する
④ 「jp」のDNSサーバーの1つを選んで問い合わせる
⑤ 「jp」のDNSサーバーが「gihyo.jp」のDNSサーバーの情報を回答する
⑥ 「gihyo.jp」のDNSサーバーに問い合わせる
⑦ 「gihyo.jp」のDNSサーバーがWebサーバーのIPアドレスを回答する
⑧ 取得したIPアドレスをキャッシュDNSサーバーがコンピュータに返す

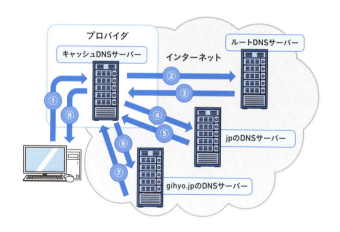

手元のコンピュータで試す

　ホスト名からIPアドレスに変換する動作を、手元のコンピュータで試してみましょう。Windowsの場合、「C:¥Windows¥System32¥drivers¥etc」にある「hosts」というファイルを編集します。

　スタートメニューからメモ帳アプリを右クリックして、管理者権限で開きます。そして、上記のファイルの最終行に以下の記述を追加します。

サンプルコード
```
202.122.141.45    ipa
```

　このファイルを上書き保存し、Webブラウザから「http://ipa/」というURLにアクセスしてみましょう。情報処理推進機構のWebサイトにアクセスできると思います。これは、パソコンの内部で「ipa」というホスト名が指すIPアドレスをhostsファイルによって名前解決しているのです。また、Webブラウザは入力されたURLのホスト名からIPアドレスを取得して、このIPアドレスにあるWebサーバーにアクセスしていることがわかります。

推薦図書

「[改訂新版]3分間ネットワーク基礎講座」、網野衛二（著）、技術評論社、2010年、ISBN978-4774143736

第3章 アプリケーションが動くしくみ

3.6 HTMLとHTTP

どう動く？Webサイトが見えるまで

インターネットの通信の多くを占めているのがWebサイトの閲覧です。Webサイトを閲覧するとき、どのようにしてWebブラウザに表示されているのか、そのしくみを知っておきましょう。

Webページを記述するHTML

インターネットでWebサイトを閲覧するとき、WebブラウザでURLを入力したり、リンクをクリックするとWebサーバーにページの内容を取得する要求が行われます。これに対し、Webサーバーは要求されたファイルを送信し、そのファイルをWebブラウザが解釈して表示します。

このときに用いられるファイルは、**HTML**（**HyperText Markup Language**）という言語で記述されています。言語といっても、実体はただのテキストファイルで、文書の構造や表示方法を「タグ」と呼ばれる部分で囲って指定したものです。

例えば、以下のような記述が使われます。

サンプルコード

```
<!DOCTYPE html>
<html lang="ja">
<head>
    <meta charset="UTF-8">
    <meta name="viewport" content="width=device-width, initial-scale=1.0">
    <meta http-equiv="X-UA-Compatible" content="ie=edge">
    <link rel="stylesheet" type="text/css" href="styles.css">
    <title>Document</title>
</head>
<body>
    <h1>サンプルページ</h1>
    <a href="index.html">トップ</a>
    <img src="logo.png" alt="ロゴ">
</body>
</html>
```

デザインを決めるCSS

　HTMLでも見出しをつけたり強調したり、といった表現が可能ですが、デザインというよりはあくまでも文章の構造を示すためにタグを使います。より読みやすく見た目を整えて、綺麗に表示するために、多くのWebサイトでは独自のデザインを行っています。

　このデザインに使われるのが**CSS**(**Cascading Style Sheets**) です。HTMLで使われるタグなどで指定された項目を、どのように装飾するかを記述します。例えば、同じHTMLファイルでも、CSSの内容によって、次のようにデザインを変えられます。

CSSなし	サンプルページ トップ 技術評論社
CSSあり	サンプルページ トップ 技術評論社

CSSありとなしでデザインが変わる

　次がCSSの内容です。

サンプルコード
```css
h1 {
    text-align: center;
    border-bottom: 1px solid #000;
}

a {
    text-decoration: none;
    background: silver;
    color:white;
    padding:5px 10px;
    border-radius: 20px;
}
```

HTMLなどをやりとりするHTTP

　HTMLやCSSなどのファイルをWebサーバーに配置しても、それだけでは利用者のWebブラウザには表示できません。利用者がURLを入力してから、Webページが表示されるまでには、裏側で以下のような処理が行われています。

1. Webブラウザで指定されたURLからDNSを使ってIPアドレスを取得する
2. IPアドレスにあるコンピュータのポート番号80番にアクセスしてWebサーバーに接続する
3. Webサーバーから該当のファイルを取り出し、その内容を転送する

　このときに使われるのが**HTTP（HyperText Transfer Protocol）**というプロトコルです。HTTPはHTMLファイルだけでなくCSSファイルやJavaScriptのプログラム、画像ファイルなど、WebブラウザとWebサーバーの間でファイルをやりとりするときに使われます。

　HTTPでは、Webサーバーからファイルを取得するだけでなく、入力フォームなどで入力された文字やファイルなどをWebブラウザ側から送信することもできます。そこで、どのような処理を行うのかをWebブラウザが指定しています。例えば、ファイルを受信するためには「GET」、フォームなどに入力した内容を送信する場合には「POST」といった指定があり、「リクエストメソッド」と呼ばれます。HTTP 1.1におけるリクエストメソッドには、以下の表のような種類があります。

リクエストメソッド

メソッド	内容
GET	指定したURLのリソースについて、ヘッダーと本文を取得する
POST	フォームなどで入力した内容を処理する
HEAD	GETと同じだが、ヘッダー情報だけを取得する
PUT	指定したURLの内容を、送信したデータで作成・置換する
DELETE	指定したURLのリソースを削除する
CONNECT	プロキシを経由してSSL通信するトンネルを要求する
OPTIONS	Webサーバーで使用可能な通信オプションを取得する
TRACE	サーバーへのリクエストをそのまま返す

プログラマなら知っておきたいステータスコード

HTTPでアクセスしたとき、欲しいファイルが存在すればそのファイルの内容が表示されるのですが、URLを間違えて指定すると、そのファイルが存在しない場合があります。このとき、ブラウザの画面上に「404 Not Found」と表示されることがあります。この「404」という値がステータスコードで、HTTPリクエストの結果を3桁の数字で表しています。次の表で示すようなステータスコードがあり、百の位を見るとざっくりとした内容がわかるようになっています。

ステータスコードの百の位

ステータスコード	内容
100番台	情報(処理中)
200番台	成功(受理された)
300番台	リダイレクトした
400番台	クライアント側のエラー
500番台	サーバー側のエラー

主なステータスコード

ステータスコード	内容
200(OK)	問題なく処理された
301(Moved Permanetly)	要求されたファイルが恒久的に別の場所に移動した
401(Unauthorized)	認証が必要だった
403(Forbidden)	要求が拒否された
404(Not Found)	ファイルが見つからなかった
500(Internal Server Error)	不具合などによりサーバー側のプログラムが動かなかった
503(Service Unavailable)	Webサーバーが過負荷で、処理できなかった

よく現れるステータスコードは、覚えておくとトラブルが発生した場合に速やかに対応できます。

 推薦図書

「Webを支える技術 -HTTP、URI、HTML、そしてREST」、山本陽平(著)、技術評論社、2010年、ISBN978-4774142043

第3章 アプリケーションが動くしくみ

3.7 SSLとHTTPS

どう防ぐ？データ盗み見なりすまし

最近では個人情報保護などについての意識の高まりもあり、情報漏洩を防ぐために通信を暗号化することが求められています。Webサイトにおいても安全な通信を実現するために、銀行やショッピングサイトなどでSSLを使った方式が一般的に使われています。

通信の内容を秘密にする「暗号化」

インターネットなどを経由して情報をやりとりするとき、その通信の内容を秘密にしたい場合があります。個人情報やクレジットカード番号を入力する場合だけでなく、ファイルを共有する場合にも、他の人に見られないような工夫が必要です。

このように、伝えたい内容を第三者が見ても理解できないメッセージに変換することを**暗号化**、元に戻すことを**復号**といいます。また、暗号化されたメッセージのことを**暗号文**といいます。ファイルを送る場合はパスワードを設定する方法もよく使われますが、個人情報を入力する場面ではパスワードをどうやって渡すのか、という問題があります。

そこで、ファイルや通信を暗号化するしくみについて知っておく必要があります。多くの人が理解しやすい暗号化の手法として**共通鍵暗号方式**があります。名前のとおり、双方が共通の鍵を使ってやりとりする方法で、身近な例で考えると金庫に鍵をかけて配送し、受け取った側がスペアキーを使って金庫を開けるイメージです。

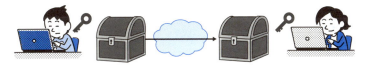

共通鍵暗号方式のイメージ

「公開鍵暗号方式」による暗号化

共通鍵暗号方式はわかりやすく、高速に処理できるというメリットがあ

りますが、鍵をどうやって相手に渡すか、という問題（**鍵配送問題**）があります。また、やりとりする相手が増えるとそれだけ鍵が必要になり、その管理も大変です。そこで、離れた場所でも鍵を安全に渡す方法として**公開鍵暗号方式**が使われます。名前の通り、鍵を「公開」する方法で、公開する鍵（**公開鍵**）と秘密にする鍵（**秘密鍵**）のペアを使います。

　暗号化通信を行うには、データを受け取る側（受信者）が鍵のペアを作成し、その公開鍵を公開します。送信する側（送信者）はこの公開鍵を使ってデータを暗号化して送信します。受け取った暗号文はペアとなっている秘密鍵だけでしか復号できないしくみになっているため、この秘密鍵をもっている人しか、このデータを復号できません。

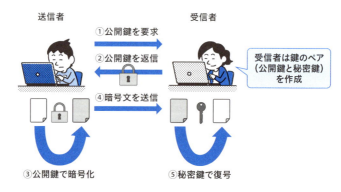

　公開鍵暗号方式では、通信する相手が増えても通信に必要な鍵の数は変わりません。また、受信者が公開鍵を公開するだけでよいため、鍵配送問題も解決できます。

認証局によって発行される証明書の必要性

　公開鍵暗号方式は良いことばかりのように思いますが、攻撃者が勝手に公開鍵と秘密鍵のペアを作成し、公開鍵を公開している可能性があります。偽物の公開鍵だと気づかずに、その公開鍵で暗号化して送信してしまうと、攻撃者がもっている秘密鍵によって復号できてしまいます。

　つまり、その公開鍵が本人によって作成されたものであることを証明す

る必要があります。そこで使われるのが**電子証明書**です。本人の印鑑であることを証明するために、私たちが市役所などで印鑑証明書を発行してもらうのと同じように、信頼される認証局によって証明書を発行してもらう必要があります。

電子証明書のしくみは暗号化だけでなく、デジタル署名（本人が作成したことを証明する）にも応用されています。開発したアプリを配布するときに、なりすましや改ざんが行われていないことを示す「コードサイニング証明書」などの用途にも使われます。

Webでよく使われるHTTPSとは

公開鍵暗号方式には処理速度が遅いというデメリットもあります。大容量のデータを処理する場合、処理に時間がかかるのは問題です。そこで、公開鍵暗号方式を鍵の配送に使い、データの暗号化・復号には処理の速い共通鍵暗号方式を使う、という組み合わせがよく使われています。

この公開鍵暗号方式と秘密鍵暗号方式を組み合わせた手法として**SSL**（**Secure Socket Layer**）があります。最近ではSSLの次世代規格である**TLS**（**Transport Layer Security**）が使われています。これをWebにおけるHTTPと合わせて使用しているのが**HTTPS**で、Webブラウザでは南京錠のマークを表示して安全性をわかりやすく伝えています。

HTTPSには暗号化により盗聴を防ぐだけでなく、第三者による改ざんを防ぐ目的もあります。また、認証局によって署名された証明書をサーバーに設置することにより、正当なサイトであることを証明しています。

これまで、HTTPSはショッピングサイトや問い合わせフォームなど個人情報を扱うページだけで使われていましたが、最近ではすべてのページでHTTPSを使う「常時SSL」が当たり前になっています。

 推薦図書

「暗号技術入門 第3版」、結城 浩（著）、SBクリエイティブ、2015年、ISBN978-4797382228

第3章 アプリケーションが動くしくみ

3.8 データベースとSQL

データ入れ
整理整頓
1箇所で

Webアプリケーションでデータを保存するとき、ファイルを使う方法もありますが、データベースを使うと安全かつ高速にデータを保存・処理できます。大量のデータを「処理しやすい形式」で保存するデータベースについて解説します。

テキスト形式や表計算ソフトでの管理

　データの保存方法として手軽なのは、テキストファイルや表計算ソフトを使う方法です。テキストファイルを使うとどのような環境でも特殊なソフトウェアなしで扱うことができますし、CSVファイルを使うとデータを区切って保存できます。また、表計算ソフトを使うと行と列で区切ったマス目にデータを格納するため、初心者でも簡単に表形式で整理できます。最近のパソコンには購入時点で表計算ソフトが導入されていることも多く、ビジネスの現場でも当たり前のように使われています。

　テキストファイルや表計算ソフトは、少量のデータであれば簡単に使えて便利ですが、数百万件を超えるような大量のデータを扱う場合には向いていません。処理速度が低下するだけでなく、自由にデータを格納できるため、例えば電話番号の列にメールアドレスや名前を間違えて入れても気づかない可能性があります。

　業務で使うように複数人で使用する場合には、どれが最新のファイルかわからなくなることや、他の人が編集しているファイルを同時に作業できないなどの問題が起こることもあります。

データベースのメリット

　そこで、大量のデータでも効率的に管理できるしくみとして**データベース**が使われます。データベースには一般的に**DBMS**（**Database Management System**）と呼ばれるソフトウェアが使われ、複数の利用者が使用しても問題ないようにする「同時実行制御（排他制御）」や、障害が発生した場合に復旧できる「トランザクション」などの耐障害性を実現

する機能を備えています。

　こういったDBMSの機能を利用することで、ソフトウェアの開発者はプログラミングする際に本来のビジネスロジックを作る部分に集中できます。また、登録できるデータの形式を制限できることから、誤ったデータが登録されることを防ぎ、データの整合性を確保できる、というメリットもあります。

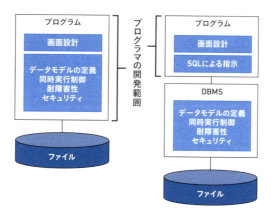

リレーショナルデータベースとSQL

　データベースにはさまざまな種類がありますが、表計算ソフトのように表形式で格納し、複数の行と列でデータを扱う表のような集合を紐づけて管理するデータベースは**リレーショナルデータベース**と呼ばれています。リレーショナルデータベースを管理するDBMSは**RDBMS**（**Relational Database Management System**）と呼ばれます。直訳すると関係するデータベースを管理するシステムです。

　この「関係」というのは表を指す言葉で、表から一部の列を抜き出す「射影」や、特定の条件を満たす行を抜き出す「選択」、複数の表を特定の条件で紐づける「結合」などの操作（関係演算）が使えることを意味します。この操作には「SQL」と呼ばれる言語を使います。

　SQLは元々はStructured Query Languageの略で、構造化されたデータを照会する言語ということを意味していました。現在は略語ではなく、単

にSQLという言葉として使われています。データの登録や変更、削除などに使うだけでなく、データを格納するテーブルの定義や変更にも使います。SQLは標準化されており、異なるデータベースソフトを使っても、基本的には同じように操作できます。

よく使われるSQLの分類

分類	SQL文	内容
DDL （データモデルを定義する）	CREATE文	テーブルや索引を作成する
	ALTER文	テーブルや索引を変更する
	DROP文	テーブルや索引を削除する
DML （データを操作する）	SELECT文	テーブルからデータを取得する
	INSERT文	テーブルにデータを登録する
	UPDATE文	テーブルのデータを更新する
	DELETE文	テーブルのデータを削除する
DCL （アクセス権限などを制御する）	GRANT文	テーブルやユーザーに権限を付与する
	COMMIT文	テーブルへの変更を確定する
	ROLLBACK文	テーブルへの変更を取り消す

しかし、データベースの各ベンダーによって便利な機能を追加しているなど、独自に拡張している場合があり、そのような拡張された記述を使っている場合は他のRDBMSでは使えない場合もありますので注意が必要です。

主なRDBMS

RDBMS製品	特徴
MySQL	オープンソースのRDBMSで、GPLライセンスに従う限り無償で利用できる
PostgreSQL	オープンソースのRDBMSで、標準SQLへの準拠度が高い
SQLite	オープンソースのRDBMSで、手軽で高速に動作する。サーバーとしてではなく、アプリケーションに組み込んで利用される
Oracle	Oracle社によって開発されているRDBMSで、非常に高機能
SQL Server	Microsoft社によって開発されているRDBMSで、Windows Server上で使われる
DB2	IBM社によって開発されているRDBMSで、メインフレームからパソコン用まで幅広く対応している
H2 Database	オープンソースのRDBMSで、Javaで実装されている

SQLはプログラミング言語のように使うこともできますが、一般的な記述で実現できることはデータベースの操作のみで、「データベース言語」と呼ばれています。実際には他のプログラミング言語で作られたソフトウェアの中から、データベースを操作するときだけ使われており、SQLだけでアプリケーションソフトを開発することはできません。

コラム NoSQLやNewSQLの登場

　RDBMSには、データを一元管理し、排他制御やトランザクション処理により信頼性を高めるという考え方があります。しかし、最近はビッグデータが話題になるように大量のデータが扱われ、データの内容も多様になりました。こうなると、データを一元管理するために一箇所に格納すると求める性能が得られない場合が出てきます。特に、データ分析を行う場合には、大量データの高速処理は必須です。

　そこで、並列・分散処理を用いて膨大なデータを高速に検索・参照できるしくみとしてNoSQLが使われるようになりました。しかし、SQLを使えないことや、トランザクションが求められるような処理には不向きであることから、基幹系システムでは採用が難しいとされてきました。

　最近では、この弱点を解消したNewSQLという言葉も登場し、SQLが使えて並列・分散処理ができる製品もいくつか登場しており、今後も目が離せません。

推薦図書

「達人に学ぶDB設計 徹底指南書 初級者で終わりたくないあなたへ」、ミック（著）、翔泳社、2012年、ISBN978-4798124704

第3章 アプリケーションが動くしくみ

3.9 データセンターとクラウド

買うよりも シェアして使う あちら側

Webアプリケーション内部でもつ重要なデータを管理するために、自社内でサーバーを構築するのではなく、データセンターやクラウドを使う企業が増えています。その理由とメリット・デメリットを理解した上で使うようにしましょう。

データセンターの必要性

　サーバーなどの機器は自社内に設置することもできますが、その台数が増えてきたり信頼性を求められたりすると、温度や電源の管理、ネットワークの多重化などの問題が発生します。

　そこで、サーバーやネットワーク機器などの管理を専門とする物理的な施設に預けることが一般的です。このような設備は一般的に**データセンター**と呼ばれ、コンピュータや通信機器などを設置するだけでなく、耐震設備などを整えたセキュリティ面でも安心できる環境を整えています。専門的なスタッフが管理、運営することで、トラブルが発生した場合でも迅速に対応できます。

　データセンターにはレンタルサーバーの事業者が用意したサーバーを貸し出す「ホスティング」だけでなく、顧客が用意したサーバーを設置する「ハウジング」などの契約形態があります。これらのサービスにサーバーを預けることで自社でサーバーをもっていた場合はそのスペースを他に利用できますし、データセンターの設備を利用できるため、災害対策やセキュリティ面でも安心できます。

データセンターによるコスト削減

　サーバーのハードウェアやソフトウェアをすべて自社で用意する方法もありますが、その利用頻度によっては無駄がある場合があります。例えば、月末になると負荷が高まるがそれ以外の時期はほとんど使用されていない、昼間に多くアクセスされるが深夜は誰も使っていない、というシステムは少なくありません。

これらのシステムをすべて自社で揃えるのではなく、他社が提供するサービスを利用して使った分だけ料金を支払うことができるとコスト削減に繋がります。システムが不要になった場合も、サーバーを購入していると無駄になってしまいますが、レンタルしていれば支払いを止められます。

クラウドの登場

このように、サービス提供者が所有するハードウェアやソフトウェアをネットワーク経由で、必要な分だけ利用するサービスを「クラウドコンピューティング」といいます。最近は**クラウド**と呼ぶことも珍しくありません。その利用範囲によって、SaaS、PaaS、IaaSの3種類に大きく分類されます。

例えば、SaaSは提供されるソフトウェアを契約して使用する方法で、その背後にあるハードウェアやOSを利用者が意識する必要はありません。一方、IaaSは提供されるハードウェアを運用まで含めて契約して使用する方法で、その上に自由にOSやソフトウェアを導入できます。一般に、サーバーのハードウェアやソフトウェアが仮想化されているため、必要に応じて性能や領域を自由に拡張できます。同じシステムやサービスを共有できるため、企業の規模を問わずに誰でも使えるというメリットがあります。

3.9 データセンターとクラウド

クラウド事業者も利用するデータセンター

　クラウドを提供するためには、多くのハードウェアや高速なネットワーク、信頼性が求められるため、クラウドサービスを提供している事業者もデータセンターを利用しています。つまり、クラウドの利用者は、間接的にデータセンターを利用しているといえます。

コラム セキュリティ

● 脆弱性に要注意

　Webアプリケーションはインターネット上に公開されているため、常に攻撃のリスクにさらされているといえます。特にショッピングサイトなどの場合には、顧客の個人情報などを大量に保存している場合もあり、攻撃を受けると個人情報が漏洩する可能性があります。

　ソフトウェアに不具合が存在すると、利用している人はその問題に気づくことがありますが、セキュリティ上の不具合には、一般的な利用者は気づきません。このようなセキュリティ上の不具合のことを「脆弱性」といいます。ソフトウェアにおける脆弱性のことを特にセキュリティホールということもあり、その穴を攻撃者は狙ってきます。このため、Webアプリケーションなどを公開する場合には、脆弱性診断などを受け、脆弱性をできるだけ排除する必要があります。

　もちろん、公開する際に診断を受けるだけでなく、要件定義や設計段階からセキュアな設計を意識し、公開後もシステム監査やセキュリティ監査を実施するなどの対応が求められています。

推薦図書

「インフラ/ネットワークエンジニアのためのネットワーク技術＆設計入門」、みやたひろし（著）、SBクリエイティブ、2013年、ISBN978-4797373516

第 **4** 章

開発スタイルと仕事像

第4章 開発スタイルと仕事像

4.1 フリーソフトとオープンソース

要注意 フリーとオープン 違う意味

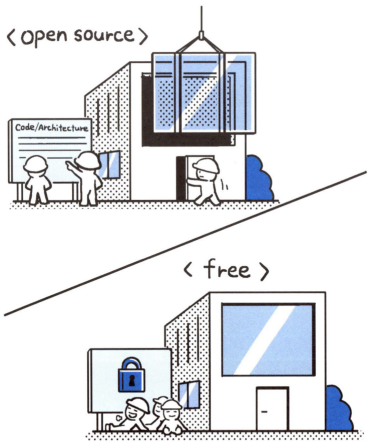

インターネット上には文章だけでなく動画や音声など無料で提供されているものがたくさんあります。ソフトウェアも無料で提供されている場合がありますし、無料で公開されているソースコードを使うと、欲しいソフトウェアを簡単に作れるかもしれません。しかし、無料だからといって自由に使えるわけではありません。使うときの注意点について知っておきましょう。

フリーソフトとシェアウェア

　無料で提供されるソフトウェアを**フリーソフト**や**フリーウェア**といいます。多くはインターネット上からダウンロードできるようになっていますが、雑誌の付録としてCDやDVDに記録されて配布されることもあります。

　無料で提供されているため、実行できる環境があれば誰でも使用できますが、ソフトウェアの著作権は作者に帰属することに注意が必要です。許可なく改変したり、販売したりすることはできません。学生などが趣味で開発していたり、作者が自分用に開発したソフトウェアを公開していたりするだけの場合もあり、その動作に保証はありません。不具合などが存在しても、修正されるとは限りません。

　一方、当初は無料で使えても一定の試用期間が終了した後で継続使用する場合には代金の支払いを要求するソフトウェアとして**シェアウェア**があります。試用期間中は機能を制限したり、広告を表示したりして、代金の支払い後にIDやパスワードを入力することで制限を解除する方法が使われています。シェアウェアは、フリーソフトよりも商品に近いものですが、試用期間や金額面などで、一般の商品よりも利用者の便宜が図られている面があります。シェアウェアという安価なソフトウェアの供給ルートを確保するためにも、継続して使うときは、必ず代金を送金してください。

　なお、ソフトを作成して配布している人や学生など、特定の条件の人に対する優遇制度を取り入れている場合もあります。これは個々のソフトに合わせて配布されているドキュメントで確認してください。

オープンソースソフトウェア

　フリーソフトは無料で公開されているソフトウェアですが、ソースコードは公開されていないことが一般的です。一方、**オープンソースソフトウェア（OSS；Open Source Software）** はソフトウェアのソースコードを無償で公開しており、誰でも自由に改変・再配布が可能になっています。

　一般には「オープンソース」と呼ばれ、特定の企業というよりも有志によって組織されたコミュニティで開発されています。OSSは、基本的に自由に使えるため、学習するときにそのソースコードを見てしくみを勉強することもできますし、その一部を修正して改良したソフトウェアを開発することも可能です。

注意が必要なライセンス

　OSSではソースコードが公開されているからといって、無制限に利用できるわけではなく、次の表で示すように利用条件などについて**ライセンス**が定められています。有名なライセンスとして、GPLやBSDライセンス、ApacheライセンスやMITライセンスなどがあります。

　大きな分類として、「コピーレフト型」と「準コピーレフト型」、「非コピーレフト型」があり、改変部分のソースコード開示が必要かどうか、他のソフトウェアのソースコード開示が必要かどうか、という部分が異なります。

　ここで、コピーレフトとは、「著作権者が著作権を保有したまま、二次的著作物も含めて、すべての者が著作物（プログラム）を利用・再配布・改変できなければならない」という考え方のことです。

IPA「OSS ライセンスの比較および利用動向ならびに係争に関する調査」
https://www.ipa.go.jp/files/000028335.pdf より抜粋

ライセンスの類型	ライセンス		OSI認定	改変部分のソースコード開示	他のソフトウェアのソースコード開示	特許に関する記載	GPLとの互換性 GPL v2	GPLとの互換性 GPL v3	準拠法の指定
コピーレフト型	AGPLv3		○	○	○	○	×	○	×
	EUPL		○	○	○	○	○	×	○
準コピーレフト型	MPL		○	○	×	○	×	×	○
	LGPLv3		○	○	×	○	×	○	×
	CDDL		○	○	×	○	×	×	○
	CPL		○	○	×	○	×	×	○
	EPL		○	○	×	○	×	×	○
	YPL		×	○	×	×	×	×	○
非コピーレフト型	BSD License	2-Clause	×	×	×	×	○	○	×
		3-Clause	○	×	×	×	○	○	×
		4-Clause	×	×	×	×	×	×	×
	Apache 2.0 License		○	×	×	○	×	○	×
	MIT License		○	×	×	×	○	○	×
	Sendmail License		×	×	×	×	N/A	N/A	×
	OpenSSL License/ SSLeay License		×	×	×	×	×	×	×
	CPOL		×	×	×	○	×	×	○
	ISC License		○	×	×	×	○	○	×
	Artistic License	(1.0)	×	×	×	×	○	×	×
		(2.0)	○	×	×	○	○	○	×

　Open Source Initiative(OSI) という非営利団体によってガイドラインが発行されており、これを満たしたものがオープンソースライセンスとして一般に認められています。これはOSD(Open Source Definition) と呼ばれています。

　新たに独自のライセンスを作ることもできますが、ライセンスが増えると他の開発者が調べないといけないライセンスが増えることになります。

複数のソフトウェアを組み合わせたとき、ライセンスの内容に矛盾があると開発しても配布できなくなってしまうため、独自ライセンスは避けた方がよいでしょう。

オープンソースを使うときの注意点

　ソースコードが公開されている、ということはコピーしたソフトウェアを簡単に開発できることを意味します。つまり、似たようなソフトウェアを作って誰もが公開できてしまいます。元のソフトウェアよりも高機能で高性能なものが登場するかもしれません。そこで、ライセンスによっては使用したオープンソースソフトウェアを明記する必要があり、ソースコードの公開を求める場合もあるのです。

　ソースコードが公開されていますので、脆弱性が存在した場合はそれを狙った攻撃が成功してしまう危険性もあります。しかし、ソースコードを公開しておくことで、脆弱性を見つけてもらえる可能性があり、すぐに修正できるというメリットもあります。これは、多くの技術者が開発に参加することで、より良い製品ができることにもつながります。オープンソースを使って開発された製品はその製品もソースコードを公開することで、多くの利用者にとってより良い環境になることが期待されます。

　OSSであっても、すべてを無料にしなければならない、というわけではありません。サポートなどのサービスを用意して有料で提供することもできますし、セミナーを開催して受講料を集めることも可能です。書籍などを執筆して販売することも自由です。

 推薦図書

「フリー〈無料〉からお金を生みだす新戦略」、Chris Anderson（著）、小林弘人（監修・解説）、髙橋則明（翻訳）、NHK出版、2009年、ISBN978-4140814048

第4章 開発スタイルと仕事像

4.2 ウォーターフォールとアジャイル

開発の速度を決める柔軟性

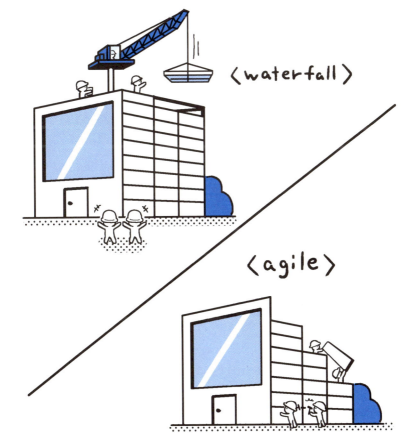

ソフトウェア開発の流れを知らなければ、どのような手順で作業を進めればいいのかわかりません。スケジュールや期間を正しく把握するためにも、開発の手法を知っておきましょう。

ソフトウェア開発の流れ

　ソフトウェアの開発には、要件定義から設計、実装、テスト、運用という大きな流れがあります。作るソフトウェアの仕様が明確に定められていて途中で変更されることがなく、リリースの期日が決まっていれば、綿密な計画を立てて開発を進めることができます。

ウォーターフォールの特徴

　この流れにそって開発を進めることを**ウォーターフォール**といいます。滝が流れるように上流から下流に進んでいくことを意味する言葉で、大規模プロジェクトで採用されてきました。金融機関の勘定系システムや機械の製造など信頼性が求められる案件ではよく使われています。

　しかし、現在は世の中の変化が激しく、仕様を明確に定めることが難しい場面もあります。例えば、実装をしている間に思いついた機能を新たに追加したい、他社で導入された便利な機能を追加したい、不要な機能は削除したい、などの要望が次々と出てきます。このような場合、事前に設計書などを細かく作成しても、実装している段階でその内容が大幅に変わってしまうことは珍しくありません。設計書や仕様書などのドキュメントを整備しても、変更が発生すると作り直しになり、費用がかかるだけでなくスケジュールにも大きな影響が出る可能性があります。

アジャイルの登場

そこで、より柔軟に対応するための開発手法として**アジャイル**が使われるようになりました。アジャイルの場合、設計、実装、テスト、リリースというサイクルを小さな単位で繰り返します。

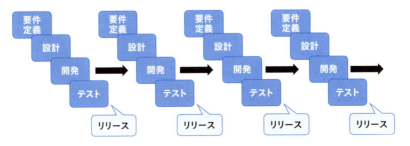

仕様変更があっても柔軟に対応できますし、試作品を作って依頼者のイメージを確認できる、といったメリットがあります。最低限の資料だけを作るため、手戻りの発生を最小限に抑えられる可能性もあります。

アジャイルのリスク

柔軟な変更を想定した開発手法のため、アジャイルは変化の激しい現代に合っているといえるかもしれませんが、デメリットもあります。例えば、ソースコードの一貫性や一定の品質を保つことが難しいといったことが挙げられます。また、当初の見積とはまったく異なるソフトウェアができあがる可能性があり、その費用やスケジュールが大幅に変わってしまう恐れがあります。変更が繰り返されることによる開発者のモチベーション低下も懸念されます。結果として、プロジェクトが遅延する、完成しないといったリスクも考えられます。変更を許容して進めるようなプロジェクトでないと、まだまだ難しいというのが実情です。

推薦図書

「新装版 達人プログラマー 職人から名匠への道」、Andrew Hunt、David Thomas(著)、村上雅章(翻訳)、オーム社、2016年、ISBN978-4274219337

第4章 開発スタイルと仕事像

4.3 テストとデバッグ

不具合を見つける精度 網羅性

大規模なソフトウェアが多く登場するなか、不具合がないか確認する作業を効率よく行うことが求められています。具体的にどのような手法があるのか知っておきましょう。

ソフトウェア開発に必須のテスト

開発したソフトウェアが仕様通り動作しているか、不具合がないか確認する作業を**テスト**といいます。一方、不具合が見つかった場合に、その原因を調べて修正する作業を**デバッグ**といいます。修正する必要がある箇所を探す作業もデバッグに含まれます。

網羅するテスト

テストでは正しいデータや操作を正常に処理できるだけでなく、誤ったデータや操作が与えられたときには異常終了しないように動作しているかも確認します。テストは漏れがないようにあらゆるパターンを調べなければなりません。

しかし、思いつくままに作業を行っているのでは非効率なため、確認する内容を明確にしなければなりません。網羅的にテストを行うため、「ホワイトボックステスト」や「ブラックボックステスト」などを組み合わせて用います。

ホワイトボックステストとブラックボックステスト

ホワイトボックステストは、ソースコードの中身を見て、各処理に使われている命令や分岐、条件などをすべて網羅したことを確認する手法です。このときに使われる指標として「網羅率（カバレッジ）」があり、次の表にあるような命令網羅や分岐網羅、条件網羅などがあります。

カバレッジテスト

	内容	詳細
C0	命令網羅	すべての命令を実行したか
C1	分岐網羅	すべての分岐を実行したか
C2	条件網羅	すべての条件の組み合わせを少なくとも1回は実行したか

　一方の**ブラックボックステスト**は、ソースコードの中身は見ずにプログラムの入出力だけに注目する手法です。あるデータを入れたときに出力してほしい値と結果が一致するか、ある操作を行ったときに求める動作をするか、などを調べます。

　しかし、すべてのデータや操作を調べるのは大変なので、うまく工夫しなければなりません。その方法として、「同値分割」や「境界値分析」などが使われます。

同値分割

　同値分割は、ある範囲の入力に対して同じ出力が得られるようなグループに分け、それぞれの代表的な値を用いてテストを行う方法です。例えば、身長と体重が与えられたときに、「痩せ型」「普通体重」「肥満」に分類するようなプログラムの場合、それらに該当するような人のデータを少しずつ使います。

境界値分析

　一方、境界値分析では入力によって出力が変わる境界となる値を用いてテストを行います。例えば、65〜74歳を「前期高齢者」と判定するような

プログラムであれば、以下のようなデータを使います。

・例)64歳、65歳、66歳、73歳、74歳、75歳

コラム 誰がテストを行うのか

　プログラマは自分で作成したプログラムが正しく動作するか、必ずテストを行います。ただし、自分が書いたソースコードについてテストをすると、どうしても思い込みなどが発生します。正しく実装しているはず、細かな修正なので大丈夫なはず、など単純なミスにも気づかないことは少なくありません。

　そこで、他の人もテストを行います。テストを専門に行うような人を「テスター」や「テストエンジニア」といい、会社によっては「デバッガー」や「QAエンジニア」といいます。QAはQuality Assuranceの略で品質保証と訳され、ソフトウェアのテストだけでなく品質管理・保証も行います。

　テストを行う人には、地道な作業を抜けや漏れがないように根気よく続けるだけでなく、プログラミングに関する知識や報告におけるコミュニケーションも求められます。

推薦図書

「知識ゼロから学ぶソフトウェアテスト【改訂版】」、高橋寿一（著）、翔泳社、2013年、ISBN978-4798130606

第4章 開発スタイルと仕事像

4.4 テスト駆動開発とリファクタリング

テスト書き 仕様変更 楽になる

〈 TDD 〉

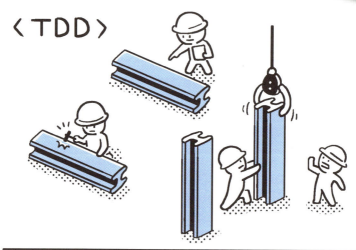

〈 Refactoring 〉

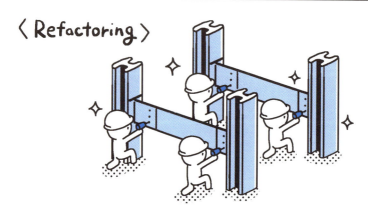

> プログラミングするときに、テストは非常に重要な作業です。しかし、修正するたびに毎回手作業でテストをするのは大変です。そこで、テストを自動化するツールを使って開発を進める手法を知っておきましょう。

テストとテスト駆動開発

　ソフトウェア開発において、「テスト」というと開発工程の後半で実装内容の確認のために行われることが一般的です。仕様通りに実装されているか、不具合の有無を調べるという内容をイメージする人も多いかもしれません。

　しかし、最初にテストを書き、そのテストが動作するように実装する**テスト駆動開発**という手法があります。IT業界では「ドメイン駆動設計」などのように「○○駆動」という言葉がよく使われます。これは、○○に該当するキーワードを前提や目標として推進することをイメージした言葉です。テスト駆動開発では、開発前に実現したい仕様をテストコードとして表現します。実現したい仕様をチェックするためのコードを事前に作成しておくことで、実装するコードの動きを確認しながら作業を進められる、という特徴があります。

テストファーストの考え方

　テストコードから書き始める方法は、**テストファースト**と呼ばれています。そのテストコードが動作するために必要最低限なコードを実装し、そのテストコードが失敗しないようにコードを修正して洗練されたものにするという作業を繰り返します。基本的な開発スタイルとして、以下の手順で作業を行います。

1. 失敗するテストを書く
2. できる限り早く、テストに通るような最小限のコードを書く

3. コードの重複を除去する（リファクタリング）

　この作業のうち、テストコードが成功しているか失敗しているか判断する作業を自動化できると効率的です。関数や手続きをテストする「単体テスト」を自動化するときによく用いられるテストツールとしてxUnitがあり、このツールではテスト結果を「Red（失敗）」と「Green（成功）」という2色で表現しています。このようなツールを使うと、上記の手順は「Red」「Green」「Refactor」という3つのステップの繰り返しで表現されます。

リファクタリングの実施

　リファクタリングとは、すでに存在するプログラムの動作を変えることなく、ソースコードをより良い形に修正することです。文章を校正するように、意味が変わらない範囲で、慎重に作業を行う必要があります。

　プログラミングをしているときに、問題なく動いているソースコードは変更したくないものです。しかし、テストコードがあれば不具合が作り込まれていないことを確認しながら作業を進められるため、安心してリファクタリングを行うことができます。

　そこで、事前に現在のプログラムの仕様にそったテストコードを書いておきます。このテストが失敗しないようにソースコードを変更することで、リファクタリングを行ったときにテストが失敗すると、修正によってプログラムに不具合が発生したことがすぐにわかります。

 推薦図書

「テスト駆動開発」、Kent Beck（著）、和田卓人（翻訳）、オーム社、2017年、ISBN978-4274217883

第4章 開発スタイルと仕事像

4.5 バージョンと リリース

変更時 改定履歴 1つ増え

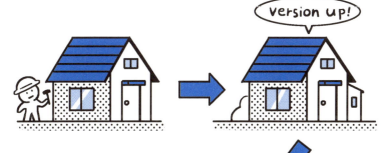

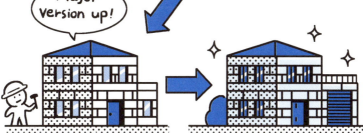

同じソフトウェアでも、新たな機能が追加されたり、不具合が見つかったりして修正されることがあります。どのように公開・管理されているのか、知っておきましょう。

修正によって中身が変わるソフトウェア

　ソフトウェアには不具合が付き物です。テストして問題ないと思っても、実際に使ってみると想定外のデータが与えられたときに異常な動作をする場合もあります。そこで、公開したあとで不具合を取り除いたり、新たな機能を追加したり、既存の機能を改良したり、といった変更を行います。このとき、当初の製品とは中身が変わっています。

バージョンを変えて区別する

　しかし、製品名が同じまま販売していると、利用者には区別がつきません。そこで、一般的には**バージョン**や**リリース**といった表現で違いを明確にわかるようにしています。よく使われるのが数字で表現する方法で、最初に提供した場合を「1.0」とし、変更するたびに数を大きくしていきます。

　これをバージョンアップと呼び、大規模な変更が行われた場合は「2.0」「3.0」のように最初の数を変えます。一方、中規模な変更であれば「1.1」「1.2」のように次の数を、さらに細かな修正の場合はさらに下の桁を使って、「1.1.1」のように表現する場合もあります。

　一般に、上位の数が変わるような大きな変更を「メジャー」といい、機能追加や見た目の変更などが行われることを「メジャーアップデート」と呼ぶことがあります。また、それより下の数が変わるような変更を「マイナー」といい、「マイナーアップデート」の場合は不具合の修正などが中心となります。なお、Windowsの場合、表のようなさまざまな表記のバージョンが使われており、順番がわかりにくくなっていましたが、内部では順にバージョンが上がっていることがわかります。

よく知られているバージョン	内部のバージョン
Windows 95	4.0
Windows 98	4.1
Windows Me	4.9
Windows 2000	5.0
Windows XP	5.1
Windows Vista	6.0
Windows 7	6.1
Windows 8	6.2
Windows 8.1	6.3
Windows 10	10.0

開発段階での公開

　最近は実験的な段階で公開されることも多く、「アルファ版」や「ベータ版」と呼ばれます。バージョン「0.8」や「0.9」といった番号で公開されることが多く、不具合も残ったままの場合があります。一般に、アルファ版は開発途中のバージョンで、開発者やテスト担当者が利用します。ベータ版は公開直前のバージョンで、一部の利用者や開発者が実際に使ってみて評価するために公開されます。

機能や価格が違うエディション

　同じ製品でも個人向けと企業向けで提供される機能に違いがあったり、制限が掛けられたりしている場合もあります。Windows 10のようにHomeやProなど、それぞれに「エディション」という言葉が使われることもあります。この場合は、提供される金額が異なることが一般的です。

推薦図書

「新装版 リファクタリング―既存のコードを安全に改善する―」、Martin Fowler(著)、児玉公信 、友野晶夫、平澤 章、梅澤真史（共訳）、オーム社、2014年、ISBN978-4274050190

第4章 開発スタイルと仕事像

4.6 プログラマとシステムエンジニア

設計書書いてるだけでプログラマ？

ソフトウェアの開発に関わる仕事として、よく比較される言葉に「プログラマ」と「システムエンジニア」があります。企業の規模や担当業務、組織の考え方によって若干の違いはありますが、その役割や作業内容の違いを知っておきましょう。

プログラマの仕事

　プログラマは名前の通り「プログラムを作成する人」です。プログラミング言語を使って実装するだけでなく、実装した内容に問題がないかテストを行います。設計書に記載されている内容にそって、どのように実装すると効率よく処理できるのか、ソースコードに落とし込む能力が必要になります。

　設計されたとおりに実装していても、そのソースコードの内容によっては処理に時間がかかったり、機能追加する場合に保守が大変だったりします。また、テスト時に不具合が多く見つかる、セキュリティ面についての考慮がなされていない、となると大幅な修正が発生する可能性があります。常に最新の技術を学んでおき、細部までチェックできる能力が求められます。

システムエンジニアの仕事

　一方の**システムエンジニア**は主にプログラムの設計を担当します。顧客の要望を聞き、要件定義を行った上で設計書に落とし込む能力が必要になります。もちろん、プログラミングについての知識がないと設計できない場合が少なくありませんし、顧客の業務についての知識も求められます。

　また、開発されたプログラムが問題なく仕様を満たしているか確認するために、どのようなテストを行うのか考えておく必要があります。一般に、次のページの図のような開発工程とテスト工程を対応づけたものを「V字モデル」といいます。

　このモデルは、V字の左右を見比べることで、どのレベルの開発内容を

確認するテストを実施するのかを示しています。この対応に沿った資料を作成することで、役割分担が明確になります。

例えば、複数のプログラムを連携した場合の結合テストや、システム全体としての動きをチェックするシステムテストなどを検討し、テスト項目の一覧を表にして作成します。

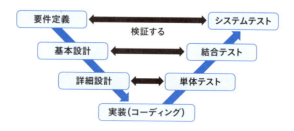

開発工程とテスト工程を対応づけるV字モデル

つまり、システムエンジニアにはプログラミングや業務知識以外にも、設計書などを作成するための文書作成能力や、顧客とのコミュニケーション能力も要求されます。

 基本的にはプログラマを経験した人がシステムエンジニアになるんですか？

これは会社によります。元請けの企業であれば、最初からシステムエンジニアを名乗ることもあります。ただし、歳を重ねると開発の現場よりも管理をまかせられることは少なくありません。

 推薦図書

「人月の神話【新装版】」、Jr Frederick P.Brooks（著）、滝沢 徹、牧野祐子、富澤 昇（翻訳）、丸善出版、2014年、ISBN978-4621066089

第4章 開発スタイルと仕事像

4.7 インフラエンジニアとフロントエンジニア

知られずに安定稼働支えてる

4.7 インフラエンジニアとフロントエンジニア

IT業界で「エンジニア」といったとき、さまざまな職種があります。プログラマやSEだけでなく、サーバーやネットワークの管理、セキュリティについて対応するエンジニアもいます。ここでは、その仕事内容の違いについて考えてみましょう。

サーバーサイドエンジニアの仕事

　サーバーを管理するエンジニアは**サーバーサイドエンジニア**と呼ばれることがあります。サーバーと言ってもWebサーバーからメールサーバー、データベースサーバーやファイルサーバーなど多岐に渡りますが、これらを管理する仕事です。これ以外にも、サーバーなどの新しいハードウェアを導入したときの環境構築や既存ハードウェアのアップグレードなどを行います。場合によってはデータベースの設計や負荷の測定などを行う場合もあります。

ネットワークエンジニアの仕事

　ネットワークを管理するエンジニアは**ネットワークエンジニア**と呼ばれます。サーバーとクライアントの間に用意するネットワークの設計や設定の変更、通信速度の確認などを行います。最近では動画など大容量のデータを通信するサービスが増えただけでなく、クラウドや仮想化環境の増加により、ネットワークの安定性は重要な要素になっています。インターネットが必要不可欠な現代では、サーバーにデータがある前提で常に接続して使用するため、ネットワークが使えないと仕事にならないことも少なくありません。

　このように、サーバーやネットワークは利用者の目には見えない部分ですが、一度障害が発生すると仕事にならない人やサービスを受けられない人が発生し、その影響が非常に大きいものです。地味な存在ではありますが、現代のインフラを支える仕事だといえます。

インフラエンジニアの仕事

　サーバーエンジニアとネットワークエンジニアを総称して**インフラエンジニア**と呼ぶことがあります。私たちが普段の生活に必要な電気やガス、水道、交通などのインフラと同じように、サーバーの管理やネットワークの管理といった仕事は我々の生活に欠かせないインフラだということです。このようなサーバーやネットワークの設計や構築だけでなく、保守や監視も含めてインフラエンジニアの仕事です。利用者にはその業務内容がみえにくい部分ですが、縁の下の力持ちだといえます。

フロントエンドエンジニアの仕事

　一方、利用者の目に見えやすいWebサイトの作成などを担当するエンジニアを**フロントエンドエンジニア**と呼ぶことがあります。これと比較し、インフラエンジニアのことを「バックエンドエンジニア」と呼ぶこともあります。

　フロントエンドエンジニアは、Webデザイナーが作成したデザインをもとにして、Webサイトの構築やカスタマイズなどを行います。場合によってはデザインまで担当する場合もあります。主にHTMLやCSS、PHPやJavaScriptなどを使い、Webサイトを作成します。最近ではスマートフォンアプリの画面部分を担当する場合もあります。このため、デザインに関するスキルだけでなく、動きをつけたプログラミングなどについての知識も求められます。

 推薦図書

「体系的に学ぶ 安全なWebアプリケーションの作り方 第2版 脆弱性が生まれる原理と対策の実践」、徳丸 浩（著）、SBクリエイティブ、2018年、ISBN978-4797393163

第4章 開発スタイルと仕事像

4.8 SIerとWebエンジニア

業界で求めるスキル規模による

会社や業界によって、ソフトウェアの開発の取り組み方やもつべきスキルはまったく違います。ここでは代表的なエンジニアの働き方を紹介し、どうやってスキルを身につけていくかを考えてみましょう。

社内で自社製品に関わる

　家電やIoT機器など、ハードウェアとセットで提供されるソフトウェアの開発は「組み込みソフトウェア」と呼ばれます。安価なハードウェアで実現されることが多く、メモリーが少ない、CPUが遅いなどの性能の面での制限があるだけでなく、販売後のアップデートが難しい、止まることが許されない、などビジネス面での特徴もあります。

　このような組み込みソフトウェアの開発に従事するにはメーカーで働くのがわかりやすいでしょう。ソーシャル以外のゲームやパッケージソフトなどを開発する場合も、その会社が開発から販売まで手掛けているため、多くの人にとってわかりやすいところです。

顧客のシステムを作り上げるSIer

　一方、在庫管理システムや勤怠管理システム、生産管理システムなど顧客の社内で使われるような業務システムを開発するソフトウェア開発会社もあります。このような会社で働くエンジニアは**システムインテグレーター**（**SIer**）と言われることがあります。

　大企業の場合は社内のシステム開発部門が開発することもありますが、中小企業などの場合には、外部のSIerに業務システムの開発を委託することがあります。対象となる企業によって使われているコンピュータが異なるため、求められる技術も多種多様です。

　銀行のように安定した稼働が求められる企業の場合は、メインフレームと呼ばれる大型コンピュータが昔から使われており、現在も保守が続けられています。また、Windowsで使うデスクトップアプリケーションや、

Excelなどのマクロ、昔ながらのクライアントサーバーシステムを使っている会社も少なくありません。

このような会社で働くエンジニアはシステムの安定性を第一に考えることが多く、新しいツールを積極的に導入するというよりは、多くの企業などで使用実績がある製品を選ぶ傾向にあります。

Webエンジニア

最近では社内システムを作る場合もWeb技術を使うことが多くなりました。インターネットのように外部に公開するシステムではなく、社内にWebサーバーを用意して内部のネットワークだけで利用する「イントラネット」の環境を構築することで、セキュリティ面での安全性を確保しています。利用者としては、Webブラウザでアクセスできるため、追加でソフトウェアをインストールする必要がなく、データもサーバー側で一元管理できます。**Webエンジニア**はこのようなシステムを構築する知識が求められます。

もちろん、インターネット上でサービスを提供する会社もあります。一般利用者向けのサービスとして、FacebookやTwitterなどのSNS、Amazonや楽天のようなショッピングサイト、ブログ投稿サイトやまとめサイトのようなものがあります。また、DropboxやOneDriveのようなファイル共有サービス、SlackやGitHubのような開発者に人気のあるサービスを提供する企業も多く登場しています。

このようなサービスを提供するスタートアップ企業は、最初は少人数で小さく始めていますが、サービスが成長すると急速に拡大していきます。このような会社で働いているWebエンジニアは技術に対する学習意欲が高く、新しいツールの導入などにも積極的です。

勉強会やセミナーに参加する

プログラマは勉強熱心な人が多く、数多くの**勉強会**が開催されています。同業他社の人が集まって勉強会を開催するのは他の業界ではなかなか

見られないことかもしれません。もちろん、社内の機密情報などを公開することはできませんが、IT業界で使われている技術は他社でも共通のものが多いという背景があります。このような情報を共有することで、それぞれのスキルアップにつなげようという意識が高いのでしょう。また、転職などに関する意識が他の業界とは異なることも挙げられます。

スキルでどう差別化するか

　転職などを考えたとき、世の中でどのような技術にニーズがあるか知っておくことは大切です。求人情報などを見ると、欲しい人材としてプログラミング言語やデータベースなど、必要な技術を指定している場合もあるでしょう。このようなスキルは多くの人が身につけようと勉強しています。つまり、他の人も同じようなスキルをもっている場合が多く、競争になってしまいます。ところが、もし他の人と違うスキルをもっていれば、競争なく採用されるかもしれません。代わりがいない存在になると、給料を上げることにもつながります。ただし、そのスキルを引き継げる人がいないと他にやりたい仕事があっても離れられない状況になってしまう可能性もあります。

資格を取得する

　IT業界では資格をもっていないとできない仕事、というのはありません。誰でもプログラマを名乗って仕事をすることは可能ですが、自分のスキルをチェックしたり、他人に説明するために資格を取得するのは有効な方法です。

　IT業界には多くの資格が存在します。IPA(情報処理推進機構) が提供している国家試験である「情報処理技術者試験」にはITパスポート試験や基本情報処理技術者試験など多くの試験があります。他にも文部科学省が管轄している技術士試験にも「情報工学部門」が存在します。また、民間資格でも各種ベンダーが実施している試験があります。有名なところでは、Linux関係のLPICやLinuC、CiscoやMicrosoft、Oracleなどが実施してい

る技術者認定試験があります。

　こういった資格を身につけてスキルをアピールすることも1つの方法だといえます。しかし、資格をもっていても勉強だけの知識では実務に役立ちません。このため、資格は意味がないと考えている人もいます。

社内でのステップアップを考える

　転職しなくても、社内での役職を上げていくという考え方もあります。プログラマの場合、よく言われるのが「35才定年説」です。多くの企業ではプログラマとして一定の年数を経験すると、次のキャリアとしてシステムエンジニアやプロジェクトマネージャーといった職種に変わっていくことが一般的です。

　つまり、より単価の高い仕事をする、もしくは管理職としての役割を求められます。もちろん、プログラマからセキュリティエンジニアやインフラエンジニアに転換するなど、同じ会社内でも異なる職種に挑戦する場合もあります。ここで、大きな企業の場合は図のようなキャリアが考えられますが、小さな企業では1人で何役もこなさないといけないことは少なくありません。

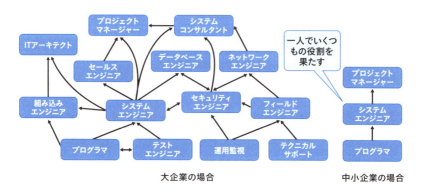

大企業の場合　　　　中小企業の場合

推薦図書

「ITエンジニアのための【業務知識】がわかる本 第5版」、三好康之、ITのプロ46(著)、翔泳社、2018年、ISBN978-4798157382

第5章 開発ツールと業界標準

第5章 開発ツールと業界標準

5.1 テキストエディタとIDE

開発の効率上げるIDE

プログラムを作るとき、そのソースコードを入力する方法には大きく分けて、「テキストエディタを使う方法」と「IDE（統合開発環境）を使う方法」があります。それぞれのメリット、デメリットを知っておきましょう。

テキストエディタによるスピーディーな開発

　ソースコードを書く場合、昔から使われているツールとして**テキストエディタ**があります。文書を書くことに特化しており、テキストファイルを編集する機能しかありませんが、入力補完機能とも呼ばれる入力を支援する機能が豊富に用意されているだけでなく、カスタマイズなども自由にできる製品がいくつも存在します。ツールの起動も速く、開発できる言語も自由であるため、スクリプト言語での開発や設定ファイルのちょっとした修正などの場合にテキストエディタを使用するという開発者は少なくありません。

　テキストエディタとして「vi(Vim)」や「Emacs」、最近では「Atom」や「Sublime Text」、「Visual Studio Code」などが多く使われています。テキストエディタについては、それぞれが想いをもっており、その特徴などについて語り出すと「テキストエディタ戦争」と呼ばれることもあります。

IDEによる便利な開発環境

　最近ではソフトウェアの開発に便利な機能を備えた**IDE（Integrated Development Environment）**が使われることが増えてきました。テキストエディタに加えてコンパイラや、デバッグを効率的に行うツールである**デバッガ**などをまとめたソフトウェアで、ソースコードの入力からコンパイル、テストなどを1つのアプリケーションだけで実現できます。

　マウスで操作できる機能も多く、便利に使えることから初心者にも向いているといえます。このように高機能なIDEを使うと簡単に開発できる一方で、起動に時間がかかる、開発できる言語が限定されている、カスタマ

イズできる範囲が限られている、操作に慣れるまでに時間がかかる、などのデメリットもあります。

IDEはプログラミング言語や実行環境に合わせて多くの企業が提供していますが、有名なIDEとして、EclipseやVisual Studio、Xcode、Android Studioなどがあります。それぞれの特徴は表の通りです。

IDEの特徴

IDE	特徴
Eclipse	Javaをはじめとする多くのプログラミング言語に対応しており、WindowsやLinux、macOSなどさまざまな環境で実行できる
IntelliJ IDEA	オープンソース版と有償版があり、数多くのプログラミング言語に対応している
Visual Studio	Windows上で動くIDEで、C#やVisual Basicなどに対応している。Windowsのデスクトップアプリケーションなどの開発では標準的に使われている
Xcode	macOS上で動くIDEで、Objective-CやSwiftなどに対応している。macOSのアプリやiPhoneアプリの開発では標準的に使われている
Android Studio	IntelliJ IDEAをAndroidアプリの開発に特化したIDEで、Androidアプリの開発では標準的に使われている。WindowsやLinux、macOSなどで実行できる
PhpStorm	PHPでのWebアプリケーション開発で多く使われているIDEでさまざまなWebアプリケーションフレームワークに対応している。WindowsやLinux、macOSに対応している

オンラインで使える開発ツール

手元のコンピュータに開発ツールを導入するのが大変な場合でも、Webブラウザだけで開発を体験できるサービスが多く登場しています。新しいプログラミング言語を勉強したい場合、開発環境を整えるのが大変な場合もありますが、オンラインのサービスであればWebブラウザだけで試すことができるため、少しだけ体験したい、という場合には便利です。実務に使うには難しいですが、入門用として試すには十分です。

オンラインで利用できる開発ツールの例

ツール名	URL	特徴
Ideone	https://ideone.com/	70以上のプログラミング言語を試せる
Wandbox	https://wandbox.org/	複数のプログラミング言語でバージョンを変えながら試せる
JSFiddle	https://jsfiddle.net/	CSSの表示やJavaScriptでの動作を試せる
CodeSandbox	https://codesandbox.io/	Angular、React、Vueなどのフレームワークや Gatsby、Next.js、Node.js、Nuxtなどを試せる
CodingGround	https://www.tutorialspoint.com/codingground.htm	データベースやさまざまなプログラミング言語を試せ、スマホアプリもある
Codeanywhere	https://codeanywhere.com/	IDEをオンラインで簡単に試せる
Coder	https://coder.com	オンライン上に管理者権限付きのコンテナが割り当てられ、Visual Studio Codeと同様のエディタが使える
PaizaCloud	https://paiza.cloud/ja/	日本語でIDEを試せる
AWS Cloud9	https://aws.amazon.com/jp/cloud9/	40個以上のプログラミング言語を試せるだけでなく、AWSとも連携している
Codeenvy	https://codenvy.com/	Eclipseに似た操作感を実現しており、Androidアプリなども開発できる

 推薦図書

「入門 GNU Emacs 第3版」、Debra Cameron、James Elliott、Marc Loy、Eric Raymond、Bill Rosenblatt（著）、半田剣一、宮下 尚（監訳）新井貴之、鈴木和也（翻訳）、オライリー・ジャパン、2007年、ISBN978-4873112770

第5章 開発ツールと業界標準

5.2 gitとSubversion

間違えた元に戻せる安心感

ファイルを修正するとき、元に戻すことを考えて変更前のファイルを残しておく人は多いでしょう。一方で、何度も修正していると、どれが最新のファイルかわからなくなることがあります。そこで、**git**や**Subversion**といった**バージョン管理ソフト**が利用されることが一般的になってきています。バージョン管理ソフトを導入すると、どのようなメリットがあるのか、その特徴を知っておきましょう。

ファイルを元に戻すことを考える

ソフトウェアは「4.5 バージョンとリリース」で解説したように、一度開発して終わりではありません。多くの場合、不具合の修正や新機能の追加など、開発したソフトウェアには何らかの修正が発生します。開発を進めている間にも、誤って変更してしまった、ファイルを削除してしまった、前の内容の方がよかった、など修正した内容を取りやめて元のファイルに戻したいこともあります。

どうやってバージョンを管理するか

ファイル名に日付などをつけて、変更するたびに新しいファイルを作成して管理することもできますが、変更する回数が多くなるとどれが最新なのか管理するのが大変です。また、どのような変更を行ったのか把握するために、ソースコードの中に変更内容をコメントとして追加することもあります。しかし、変更を重ねると、膨大な量のコメントが作成され、読みにくいソースコードになってしまいます。

複数の人が同時に開発を進める場合には、同じファイルに対して変更を行いたいときもあります。このとき、それぞれが勝手にファイルの内容を変更すると、それらを取りまとめるのは大変です。どこをどう直したのか、把握するのが困難になってしまうのです。

バージョン管理システムの登場

そこで、ファイルやフォルダに対して、「誰が」「いつ」「何を」「どのように」変更したのか記録しておき、過去のある時点のファイルと比べ、復元できる管理方法が考えられました。それが**バージョン管理システム**です。

ソフトウェア開発におけるソースコードの管理に用いられることが一般的ですが、他の業務においても文書ファイルや設定ファイルの管理、Webサイトの作成・配置などにも使われることがあります。

バージョン管理システムを使うと、ファイルの作成や変更の日時、変更内容や変更者などの履歴を保管できます。これにより、変更した内容を確認したり、変更前の状態に戻したりできるのです。これにより、複数の人が同じファイルを編集しても、その差分を比較して取り込むことができます。つまり、複数の人が同時に同じファイルに対して作業しても、一方の作業が失われることなく作業結果を統合できます。

プログラミング書籍のサンプルコードは、CD-ROMで配布したり、ダウンロードしてもらうことが一般的でしたが、最近ではバージョン管理システムのリポジトリで公開することも増えています。これにより、出版社側で更新すると、利用者は簡単に最新の内容を取得できます。

バージョン管理システムの管理方法

バージョン管理システムの管理方法は、大きく「集中管理方式」「分散管理方式」の2つに分けられます。集中管理方式は**リポジトリ**と呼ばれる保管場所を1箇所に用意し、全員がそこにアクセスしてファイルを管理します。代表的な例として、「CVS」や「Subversion」が挙げられ、これまで多く使われてきました。

集中管理方式では、サーバーにあるリポジトリにアクセスできないとバージョン管理ができませんでした。つまり、ネットワークに接続できないときや、リポジトリがあるサーバーがダウンしているときは使えません。

そこで、最近ではリポジトリを複数の場所で管理する**分散管理方式**が増えています。代表的な例として「Git」や「Mercurial」などがあります。分散管理方式では各端末にリポジトリを用意すれば、その端末内でバージョン管理が可能です。もちろん、ネットワークに接続すれば、サーバーにあるリポジトリに手元のリポジトリの変更内容を反映できます。

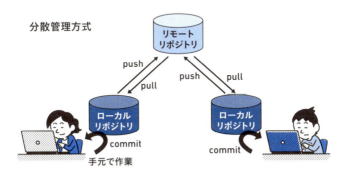

元に戻せる安心感

バージョン管理ソフトにより、開発中のソフトウェアに不具合を作り込んでしまった場合も、その前の状態へ簡単に戻せますし、変更履歴から差分を確認して原因を分析できます。つまり、変更によるソフトウェアへの影響が大きくても、安心して機能を追加できるため、結果として素早い開発につながります。

バージョン管理システムを使用すると、変更内容も自動的に記録されるため、変更内容をコメントとして残す必要もありません。ソースコードなどには必要最低限の内容だけを記録することで、人が読みやすい状態を保つことができます。

推薦図書

「わかばちゃんと学ぶ Git 使い方入門」、湊川あい（著）、DQNEO（監修）、シーアンドアール研究所、2017年、ISBN978-4863542174

第5章 開発ツールと業界標準

5.3 プラグインと拡張機能

欲しければ後から追加 便利機能

もともと便利な機能を備えたソフトウェアでも、利用者が拡張できるように作られていると、より高度な機能を追加してもらえるかもしれません。そこで、そのような枠組みを用意してあるソフトウェアはたくさんあります。

既存のソフトウェアへの機能追加

　ソフトウェアに新たな機能を追加しようとすると、一般的にはそのソフトウェアのソースコードを修正して実装します。しかし、販売されている製品のソースコードは公開されていないため、自社が開発したソフトウェアでなければ、そのソフトウェアに用意されている機能以外を勝手に追加することは基本的にできません。

　一部のソフトウェアでは第三者が機能を追加できるしくみを備えており、追加するソフトウェアのことを**プラグイン**や**アドオン**、**アドイン**などといいます。これらの追加するソフトウェアは単体では動作しませんが、本体のソフトウェアと組み合わせることで動作します。本体となるソフトウェアの開発者が開発している場合もありますし、その仕様が公開されていれば誰でも開発・提供が可能です。

第三者が提供する便利な機能

　これにより、本体のソフトウェアの開発者が気づかなかったような機能や、特殊な用途に使う人だけに求められる機能などが追加で開発され、提供されています。次のバージョンアップまでの間に、利用者が自分のニーズに合わせて機能を追加したものを公開している場合もあります。

　このように本来の機能を拡張して使うため、**拡張機能**や**拡張パック**などと呼ばれます。Webブラウザなどでは一般の開発者が作成した多くの機能が提供されています。

機能を追加することによるリスク

WordやExcelなどのOfficeソフトの場合、「マクロ」によって機能を追加できる場合があります。マクロは便利な機能ですが、自由に機能を追加できることから悪意のある処理が実装されていることもあり、注意が必要です。

プラグインは便利な機能ですが、過度な導入には注意が必要です。多くのプラグインを導入していると、読み込みに時間がかかったりメモリ使用量が増加したりしてコンピュータの動作を遅くする原因にもなります。また、プラグインが互いに影響し合うことにより、不具合が生じることがあります。

WordPressやMovable Typeなどのコンテンツ管理システム（CMS）といわれるソフトウェアにもプラグインが多く使われます。簡単に機能を強化できて便利ですが、これらに脆弱性が見つかる場合もあります。CMSのバージョンを上げようと思っても、プラグインが最新バージョンに対応していない、などプラグインを入れていることのリスクについても意識しておく必要があります。

 脆弱性は怖いですね。何か対策はあるのですか？

サポート期限や開発元のサポート体制が整っているか確認しましょう。最新情報の収集も怠らないことが大切です。

 推薦図書

「増補改訂版 Java言語で学ぶデザインパターン入門」、結城 浩（著）、SBクリエイティブ、2004年、ISBN978-4797327038

第5章 開発ツールと業界標準

5.4 仮想マシンと設定自動化ツール

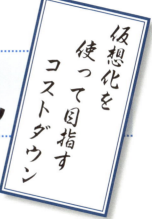

仮想化を使って目指すコストダウン

プログラマの仕事はプログラムを作ることだけではありません。開発環境を整えることで、効率のよい開発につながります。ここではよく使われているツールを紹介します。

ハードウェアの用意を減らす仮想マシン

　ソフトウェアを開発するとき、他の人が使う前に検証という工程を挟みます。さまざまな環境を想定して検証するためには、できる限り異なる環境を用意する必要があります。しかし、多くの環境を用意するには多大なコストがかかりますし、実機を置く場所にも困ります。

　そこで、1台のコンピュータの中に複数のコンピュータを仮想的に用意する**仮想マシン**が使われます。例えば、Mac上でWindows 10やWindows 7の環境を用意する、もしくはLinuxやmacOSの環境を用意する、といったことが可能です。

　このように仮想マシンの中で動くOSをゲストOS、その仮想マシンを動作させているコンピュータのOSをホストOSといいます。ホストOSはハードウェアを直接操作するのに対し、ゲストOSはホストOS経由でハードウェアを操作します。仮想マシンを複数用意することで、同時に異なるOSを試すこともできますし、同じOSでも異なる設定を試すことができます。

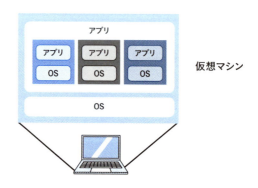

　しかし、仮想マシンはコンピュータの中に別のコンピュータを仮想的に用意しているため、ディスクの容量もそれだけ必要になりますし、起動には通常のOSと同じくらいの時間がかかります。

コンテナ型の「Docker」

仮想マシンのように、仮想的なコンピュータを用意するのではなく、「コンテナ」という形でアプリケーションだけを実行する環境に **Docker** があります。アプリだけを動かすため、OSの起動などにかかる時間が不要ですぐに使えるというメリットがあります。アプリを動かすとき、使用するOSやライブラリのバージョンが違うとソフトウェアの動きが変わるため、バージョンを固定した環境を用意するために使われます。

仮想マシンの場合

Dockerの場合

仮想マシンでもそのような環境を作ることはできますが、使っているうちにファイルを書きかえてしまったり、アプリの設定を変更してしまう可能性があります。いつでも元に戻せるようにコピーを作っておくこともできますが、これではディスク容量も無駄になります。そこで、自動的に同じ環境を何度でも用意できるように、Dockerのコンテナでは Dockerfile という設定ファイルを使います。新たな環境を構築する人には設定ファイルを用意するだけで、他の開発者も同じ設定で新たなコンテナを構成できます。

これにより、バージョンや設定の違いによって動作が変わる、ということを防ぐことができます。また、開発環境として使用していたコンテナをそのまま本番環境に移行することで、移行時の問題も発生しにくくなります。

多くの環境を用意したサンプルが Docker Hub というサイトに公開されているため、これを利用することで簡単に環境を用意できることも特徴です。

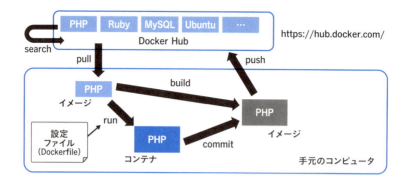

開発者が利用する設定自動化ツール

　新たな開発者がプロジェクトに参加するとき、開発中の環境と同じものを用意するために、手作業で設定していると時間がかかってしまいます。また、サーバー用の機器を設定するには、一度にたくさんのミドルウェアのインストールや設定が必要で、設定に漏れがあると正しく動作しない可能性もあります。そこで、多くの環境を用意する開発者にとって、この設定を自動化するツールは必要不可欠で、VagrantやChefなどがよく使われます。

　Vagrantは開発環境の構築や共有を自動化するツールで、仮想環境を用意する設定をRubyで記述しておきます。このスクリプトを実行すると、新たな環境が自動的に構築され、仮想マシンが起動します。同じようにRubyで設定を記述するツールにChefがあります。既存のサーバーに対して、ソフトウェアのインストールや設定ファイルの配置などを自動的に用意できます。複数のサーバーに同じ環境を用意できるため、スピーディかつ正確に構築できます。設定ファイルを料理に例えていることが特徴で、CookbookやRecipe、Knifeなどの用語が使われています。

 推薦図書

「ハッキング・ラボのつくりかた 仮想環境におけるハッカー体験学習」、IPUSIRON(著)、翔泳社、2018年、ISBN978-4798155302

第5章 開発ツールと業界標準

5.5 標準化機関とデファクトスタンダード

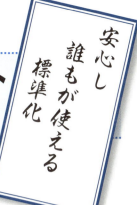

安心し誰もが使える標準化

多くの人に使ってもらうには標準に沿ったものを作るのは1つの方法です。しかし、多くの人が使っているからこそ標準になることもあります。その違いを知っておきましょう。

標準に準拠して多くの人に使ってもらう

　ソフトウェアの開発はクリエイティブな仕事ですが、なんでも自由に開発してもいいわけではありません。そのソフトウェアが動く環境に合わせて作成しないと、配布を認められない場合もありますし、他のソフトウェアに悪影響を与えてしまう可能性があります。また、開発者がよいと思っても、世の中で使われていない環境でしか動かないソフトウェアは多くの人に使ってもらうことはできません。このため、「標準」にそって開発を進めることが求められています。これを定めているのが**標準化機関**です。

　ソフトウェアに限らず、多くの標準化機関があります。例えば、国際標準化機関であるISOや日本工業規格であるJISなどがあります。このように政府や公的機関が定めた標準は細部にわたって慎重に作成されており、多くの機器やソフトウェアがこれにそって作成されています。

デファクトスタンダードの登場

　一方で、標準化機関によって標準化されるまでには長い時間がかかります。それまでに市場における競争によって、大きなシェアを確保してしまう場合があります。これを**デファクトスタンダード**（**de facto standard**）といい、「事実上の標準」と訳されます。例えば、家庭用のパソコンではWindowsが圧倒的なシェアをもっています。また、インターネットの通信で使われるTCP/IPのようなプロトコルにおいても、公的な標準ではありませんが多く使われています。キーボードでも、QWERTY配列と呼ばれるように、アルファベットの位置は多くのキーボードで同じです。

デファクトスタンダードの注意点

　もちろん、デファクトスタンダードであっても、市場環境の変化などによって状況が一変することもあります。新しい規格が登場すると、複数の規格が対立し、顧客の囲い込みによる問題が発生する場合もあります。多くの消費者を獲得すると、莫大な利益につながる可能性もあり、市場の独占を狙う企業は少なくありません。しかし、一部の企業が独占してしまうと、競争が損なわれ、市場が衰退していく可能性もあります。

　個別の企業が提供する標準に特化してしまうと、その企業が提供する製品以外に移行できなくなり、ベンダーロックインとも呼ばれます。そのサービスが終了したり、提供元の企業が倒産したりすると、データを移行できない、後継のサービスが存在しないという可能性もあり注意が必要です。

ネットワーク業界における標準化団体

　ネットワークの世界では、以下のような団体があります。

IETF (Internet Engineering Task Force)
- 主にインターネットで使用される技術（TCP/IPなど）の標準化を行う団体
- RFC (Request For Comments)という形で技術仕様を保存し、公開

IEEE (Institute of Electrical and Electronic Engineers)
- 主にハードウェア関係の技術（LANの規格802など）の標準化を行う団体

W3C (World Wide Web Consortium)
- 主にWebで使われる技術（HTML、CSSなど）の標準化を行う団体

　IETFやW3Cは標準化を行っていますが、国際標準化機関ではありません。あくまでもフォーラムやコンソーシアムという形で、1つの団体です。しかし、これらの団体で決められた内容が事実上の標準となって多くの人に使われています。

推薦図書

「エンジニアリング組織論への招待」、広木大地（著）、技術評論社、2018年、ISBN978-4774196053

第5章 開発ツールと業界標準

5.6 IETFによるRFC

ネット上みんなで作る新仕様

インターネットを取り巻く環境はどんどん変化しています。このとき、事前に仕様を固めていては時間がかかりすぎます。では、どのように仕様が定められているのか、そのプロセスを知っておきましょう。

IETFとは

インターネットで使われている技術を標準化するために活動している団体として **IETF**（Internet Engineering Task Force）があります。参加するための条件などはなく、会社とは無関係に個人で参加できます（会社を代表して参加していても、個人として扱われます）。

IETFで行われる会合にはリモートで参加でき、各技術についての多くの議論がメーリングリストを通じてやりとりされています。このメーリングリストも公開されており、誰でも閲覧・検索できます。

IETFにおける標準化

IETFで標準化を進めるときのプロセスは、ISOなどにおける標準化のプロセスとは大きく異なっています。ISOなどの場合、技術仕様を明確に定めて、それにしたがって各企業が実装を行うことがありますが、インターネットなどの場合、実際に実装するだけでなく、運用してみないとわからないことがあります。そこで、最初に仕様を明確に定めてから実装するのではなく、ざっくりとした合意（コンセンサス）の元に実装し、運用しながら仕様を決めていきます。その中で、多くの人に使われるもの、つまり業界標準であるデファクトスタンダードになったものが標準だと考えます。

IETFでは、このざっくりとしたコンセンサスを形づくるために、メーリングリストなどを通じて各エンジニアが議論を行っています。つまり、ISOなどの標準化機関ではトップダウンで運用されていますが、IETFではボトムアップで運営されている、という違いがあります。

IETFにおける技術仕様：RFC

　IETFでは、**RFC**(**Request For Comments**) という名前で文書化され、インターネット上で公開されています。RFCは「コメントを募集する」という意味の通り、RFCを書いた人がインターネットにアクセスしている研究者から、コメントを募集することを意味しています。ここで大切なのは、インターネットを通じてその仕様を広めることが目的なので、研究成果の公表ではなく、よりよい仕様になるようにコメントを集めることが目的のドキュメントだということです。

推薦図書

「SOFT SKILLS ソフトウェア開発者の人生マニュアル」、John Sonmez（著）、まつもとゆきひろ（解説）、長尾 高弘（翻訳）、日経BP社、2016年、ISBN978-4822251550

第5章 開発ツールと業界標準

5.7 ISOとJIS

公的な
認証制度
信頼感

消費者が製品を購入するとき、認証機関などによって評価を受けていることは安心材料になります。そこで、国際的な基準などが定められています。このような標準について知っておきましょう。

国際規格のISO

ISOは**国際標準化機構**（International Organization for Standardization）の略称で、国際的に通用する規格を制定しています。世界中で同じ規格を使うことで、品質や性能、安全性などの水準を保つことができ、世界中の国が参加しています。身近な例として、写真フィルムの感度を定めたISO 5800などがあります。

製品が満たすべき基準を定めたものだけでなく、組織を管理するためのしくみについての規格もあります。例えば、品質マネジメントシステムのISO 9001や環境マネジメントシステムのISO 14001は有名でしょう。また、情報セキュリティマネジメントシステムにおけるISO 27000シリーズなどがあります。

また、IECは国際電気標準会議（International Electrotechnical Commission）の略で、電気・電子の技術分野における標準化を行う組織です。一部はISOと共同で規格の制定に取り組んでいるため、規格にはISO/IECといった名前がつけられているものがあります。例えば、クレジットカードやキャッシュカードの大きさなどを定めたISO/IEC 7810や、セキュリティについてのISO/IEC 15408などがあります。

国内のJIS

JISは日本工業規格（Japanese Industrial Standards）の略称で、日本の国家規格です。「工業」といっても土木・建築、一般機械、自動車などさまざまな部門があるため、それぞれ分野にアルファベットと数字をつけて分類しています。ITに関する部分として、管理システムは「Q」、情報処理は

「X」が使われています。例えば、ISO 9001 は「JIS Q 9001」、ISO/IEC 15408 は「JIS X 5070」などがあります。ISO の内容は日本工業標準調査会（JISC）によって日本語に翻訳され、ISO と同じ内容だと認められています。つまり、ISO 9001 は JIS Q 9001 と同一に扱われています。

推薦図書

「ハッカーと画家 コンピュータ時代の創造者たち」、Paul Graham（著）、川合史朗（翻訳）、オーム社、2005 年、ISBN978-4274065972

コミュニティへの参加

● OSSコミュニティとは

　オープンソースのソフトウェアがたくさん使われるようになると、その OSS の開発に参加するエンジニアも増えてきます。追加機能の開発だけでなく、不具合の修正や多言語化（翻訳）、ドキュメントの更新などに参加する場合もあります。OSS の開発でなくても、利用者として情報交換したい場合もあります。

　そこで、所属する会社にかかわらず、OSS のコミュニティに参加する人が増えています。このようなコミュニティは多くがボランティアで運営されており、その技術や OSS が好きなエンジニアが集まっています。このように会社以外で活動することは、スキルアップにつながるだけでなく、人脈を広げることにも繋がります。会社の中では出会わなかったようなスキルをもったエンジニアと接することで、モチベーションを高められる人もいます。

● OSSコミュニティがもたらした変化

　オープンソースのコミュニティが存在しなかった時代は、ソフトウェアの開発はクローズドな文化でした。ソースコードは会社から持ち出してはいけない、開発に関する技術は公開してはいけない、といった制限がありました。トラブルがあっても自分たちで解決するか、そのソフトウェアの製造元に問い合わせて有償のサポートを受ける、といったことが当たり前でした。解決に時間がかかる場合もあり、非常に不便だったともいえます。

しかし、いまや個人が勉強会やブログなどで情報を発信することが当たり前になり、企業もイベントの後援をしたり、運営の協力をしたりするなどさまざまな形でスポンサーをしています。情報を発信したり協力したりすることで、企業がオープンソースに積極的に取り組んでいることを周知でき、その企業に優秀なエンジニアが集まってくる場合もあります。

誰もがオープンな形でコミュニティに参加できることで、欲しい情報が集めやすくなったともいえます。何かトラブルが発生した場合も、インターネット上に多くの解決策が公開されており、解決までの時間が短くなったともいえます。

● 個人の活動とコミュニティ

エンジニアにとっても、OSSコミュニティへの参加やブログなどでの情報発信は自分自身のエンジニアとしてのアピールに繋がります。どのような技術に興味があり、どのような形で参加してきたのか、という情報を公開できると、学歴や資格を見るよりもそのスキルを明確に周囲に伝えることができます。もし転職する、独立する、となった場合に、コミュニティで培ったスキルや人脈が活きてくることもあるでしょう。

OSSコミュニティで書籍を執筆することもあり、社外での知名度を高めることができるかもしれません。社内で働く場合でも、他の部署にアピールすることで、より魅力的な仕事に取り組めるかもしれません。

会社で仕事をしていると、その業務に対する評価は技術というよりもビジネスに影響を受ける場合があります。良い製品だがうまく売れなかった、というだけで評価が下がる、技術力があっても部署の業務内容によっては売上に繋がらない、ということは珍しくありません。

しかし、コミュニティ活動の場合、純粋にその技術で評価されることの方が多いでしょう。自分の会社では役に立たなかったとしても、困っている人や組織に役立つ可能性もあり、他の会社に大きな影響を与えるかもしれません。このとき第三者から大きな評価を得られる可能性もあります。世の中にいる凄腕のエンジニアと同じ土俵に立つわけですから、ショックを受けることもあるかもしれません。しかし、自分が成長するヒントもたくさんあることでしょう。

第6章 技術書の種類と選び方

第6章 技術書の種類と選び方

6.1 技術書と書店

本読めば得られる知識無限大

> 世の中には多くの書籍があります。その中から、自分に合った本をどのようにして選べばいいのでしょうか。

体系的に整理された「書籍」や「雑誌」

　プログラミングに関する情報を収集するとき、インターネットで検索することが多いと思います。最近はインターネット上で充実した内容の情報も増えてきましたが、まだまだ断片的で体系的に学ぶのは難しいのが現状です。中には初心者が発信している内容もあり、誤りや不適切な内容が含まれていることも珍しくありません。

　一方で、書籍の場合には前から順に読んでいけば一連の内容を学べるように構成されていることが多く、主題とするテーマだけでなく、前提となる知識が必要な場合にはそれについても解説されていることがあります。また、編集や校正により誤りなどが少なくなっているといえます。しかし、書籍の場合は執筆から校正、印刷までに時間がかかります。

　雑誌の場合は、複数の人数で執筆され、定期的に出版されています。入門書がないと理解できないこともありますが、雑誌で毎月収録されている連載記事を読むと新たな情報を得られます。書籍では自分の興味がある内容だけに注目してしまいがちですが、他の人が専門的に取り組んでいるさまざまな方向からの情報を仕入れる、という面で雑誌を定期購読をしてみるのもよいでしょう。これにより、幅広い知識を身につけることにもつながります。

技術書の種類と陳列

　それでは書籍を選びに書店に行ったとしましょう。たくさんの書籍の中からどうやって自分に合った書籍を選べばよいのでしょうか。コンピュータに関連した本は、大きく次のように分けられます。

- 仕事としてプログラミングなどを行うエンジニア向けの本
- WindowsやWord、Excelなどの解説書といった一般の利用者向けの本
- Webデザインや画像の加工などを行うクリエイター向けの本
- 資格を取ろうとする方に向けた本

　書店ではこれらの読者層に分けて陳列されていることが多いです。大きな書店であればもっと細かく分類されていますが、大体は読者層に分けて隣同士になっていることが多いでしょう。なお、資格に関連した本は別の棚に配置されていることがあります。

　書店で本を選ぶときにまず目に入るのは、平台に置かれている本や表紙が見せられている本（面陳）だと思います。このような陳列は既刊のロングセラーや新刊が中心になっています。つまり、多く売れている本や現在注目されている本だといえます。

　最初のうちは、このように置かれている本から手に取ってみるといいでしょう。書店に何度も通っていると、これらの本から「最近注目されている技術」や「時代が変わっても変わらない知識」が見えてきます。

　大きな書店では定期的にフェアが実施されている場合もあります。新入学や新入社員向けに入門書が多くなる春、資格試験が多くなる秋、年賀状などが注目される年末など、季節によってそのトレンドがわかる、というのも特徴です。

書店の棚を作り上げる書店員さん

　出版社から出版される本は一般的に「取次」と言われる会社を通して各書店に届けられます。これまでの販売データなどをもとに、最適な配本数が計算され、それぞれの書店に送られているのです。これにより、都心のオフィス街であればビジネス書や専門書が多く売れる、住宅街だと趣味の本や入門書が売れる、など大まかな傾向に合わせて配本数が決まるわけです。

　書店に届いてからの書店での並べ方は書店員さんの腕の見せ所です。実

際に来店者と直に接していることから、その地域の特徴を一番把握しているといえます。定期的にフェアを開催したり、POPを作成したり、といった工夫によりお客さんを飽きさせず、店舗に足を運んでもらうことができるのです。話題のニュースや近隣のイベントに関連する書籍を陳列するなどの効果により、既刊書籍の売上を掘り起こすことにもつながっています。

　日本全国に多くの書店がありますが、そこに並んでいる本は同じではありません。出版されている本は同じですが、書店の陳列には書店の「個性」があります。売上データに応じて書籍を仕入れることが当たり前になっていますが、地域ならではの特徴もあれば、出版社の営業との情報交換などもあり、書店員さんの想いが込められています。

書籍のレベル

　大きい書店に行くと、たくさんの本がありますが、そのレベルはさまざまです。読者のレベルはそれぞれ違いますので、自分のスキルにあった本を選ばなければなりません。1冊ですべての読者に合うことはありませんので、どうやって本を選ぶか考えてみます。

　例えば、新しいプログラミング言語を本で勉強するとき、私は可能な限り3冊以上読むようにしています。これは、最初に入門書を読み、ある程度理解して使えるようになれば本格的な本を読む方法です。さらに、やりたいことを他の人がどのように実装しているのかを調べるために「逆引き」と呼ばれる本を読みます。

　そこで、それぞれの本の特徴を踏まえて、どのような本を選ぶといいのかを以下で解説します。

第6章 技術書の種類と選び方

6.2 入門書とその種類

新しい技術を学ぶ場合、まずは入門書を手に取るでしょう。しかし、入門書と言っても、その本のターゲットとずれていると、読むのが難しいことがあります。例えば、専門的な内容を最初にイメージできないと、理解しにくいため、図鑑や絵本といった本が有効です。またマンガで説明されていると、楽しみながら読めるため、難しい内容でもとっつきやすくなります。

入門書の特徴

まず、入門書の種類を考えてみましょう。よく見かけるのが「はじめての〜」や「かんたん〜」「〜入門」といったタイトルが付いた本です。どれも入門書のようですが、実はそのレベルはさまざまです。

世の中にはいろいろな専門家がいますが、多くの人はその専門領域の知識について初心者です。つまり、各領域でそれぞれ入門者がいるので、それだけ初心者のターゲットは幅広いということです。これは、多くの人が読者として考えられることを意味します。これらの人が手に取ってくれるようになるには、多くの人が選びやすいようなタイトルが必要で、編集者や出版社はそのようなタイトルをつけています。

このような書籍では、狭い範囲の知識だけに限られているかもしれません。もしくは、広い範囲を扱っていても、全体のレベルが低い場合もあります。さらに、まんべんなく扱っている本のなかにも、「教科書」といったタイトルが付いている書籍もあったりします。例えば「ディープラーニング入門」と「ディープラーニングの教科書」といったタイトルだけでは、その本のレベルはよくわからないものです。

図鑑、図解、マンガ

こどもの頃に「昆虫図鑑」や「乗り物図鑑」などを読んで楽しんだ方は多いのではないでしょうか。掲載されている細かい内容がわからなくても、世の中にどのようなものが存在するか知るには最適です。プログラミング

に関連する書籍にも図鑑はあります。それぞれの特徴が比較でき、ちょっとした豆知識が掲載されていると、そこから興味をもって学ぶきっかけになります。全体像を理解したり、知識の幅を広げるために、このような本を手に取ってみるのもいいでしょう。

　文章で書かれていると難しくても、それを図解してくれるとイメージしやすくなります。本のタイトルに「図解」とついていない書籍でも、図解を取り入れている本はたくさんありますが、新しい分野の専門書を読む前には図解が多い本はお勧めです。

　最近増えているのが技術的な内容をマンガで解説する本です。本格的に1冊全部マンガで解説すると内容が薄くなってしまう本でも、各章の最初に少しだけマンガがあるだけで、親しみやすくなったり、その章で学ぶ内容を理解しやすくなったりします。

　マンガや図解以外にも、キャラクターが会話形式で進める本もあります。話し言葉での短い単語のキャッチボールで読み進めることで、読者が感じる疑問を先回りして解説している本もあります。

新書とビジネス書

　最初から専門書を読むハードルが高い場合、新書やビジネス書で概要を把握する、という方法もあります。プログラマなど職業としてコンピュータに関わっている人だけでなく、一般の人向けに書かれていることが多く、本のサイズも小さめでページ数も少ないため、気軽に読むことができます。

　専門書は2,000〜3,000円するものが一般的ですが、新書であれば1,000円以下、ビジネス書でも1,500円くらいで買えるものがほとんどです。内容はそれほど深くありませんが、巻末に参考資料などが載っていることも多く、興味があればそこから専門書を探すこともできます。

第6章 技術書の種類と選び方

6.3 目的別書籍とこれからの技術書

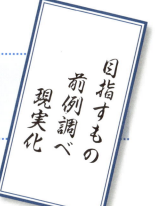

目指すもの
前例調べ
現実化

> 入門書で学んだ後は、自分でプログラミングをして何か作って
> みようと思うかもしれません。そこで、入門書の後に選びたい
> 本のタイプや、キャリアや目的に合わせた本の選び方を紹介し
> ます。また、これからの書籍の形についても紹介しています。

ドリル

　こどもの頃、漢字ドリルや計算ドリルで学習した内容を繰り返し練習した人は多いと思います。似たような内容を繰り返し練習することで、身につきやすくなります。プログラミングも計算などと同じように、自分で手を動かさないとなかなか身につかないものです。

　そこで、さまざまなパターンの問題が掲載されているドリル形式の本は、それらの問題を解いていくことで、理解を深めることができます。レベル別に問題が分けられていることも多く、少しずつ力が付いていることを実感できる作りになっていることが一般的です。

逆引き（リファレンス）

　意外と役に立つのが「逆引き」や「リファレンス」といわれるタイプの本です。何も知らない状態で、細かな機能について説明されても、それがどのように役立つのかわからないことがあります。

　そこで、具体的な事例や使い道などについて書かれた本を読むと、「こんなことができるのか」とイメージをつかみやすくなります。また、ある程度その技術について詳しくなっていても、新たな視点で捉えられるようになります。「こんなことがやりたいけど、他の人はどうやっているんだろう？」と思ったときにも便利です。

役職・業務別の書籍

　本書はプログラマ向けに書いていますが、書籍によってターゲットとなる読者は異なります。そこで、タイトルを見て、自分にあった本であるか確認する必要があります。

　例えば、「マネージャーのための～」「プログラマのための～」「Webセキュリティ担当者のための～」「技術者のための～」などの役職によって読者層を絞ることで、欲しい情報を厳選しています。また、業務に特化した書籍もあります。例えば、「データ分析のための～」「〇〇コンテストのための～」などがあり、読者がもっているであろう前提知識についての記述を省くこともできるため、より深い内容に踏み込んだ内容になっています。

プログラミング言語別の書籍

　プログラミングに関する書籍の多くはプログラミング言語を指定して書かれています。アルゴリズムを学ぶ場合でも、「Javaプログラマのための～」「C言語による～」などがありますし、機械学習やディープラーニングなどの場合も「Pythonによる～」「Rによる～」などのタイトルがつけられています。

　違う言語での書き方を参考にして自分で考えることもできますが、自分が使っている言語に向けて書かれている本を選べばスムーズに学習できるでしょう。ただし、特定の言語について書かれた本はプログラミングの考え方を理解していることが前提になっていて、初心者には難しいかもしれません。

　以下では、最近の書籍の配布形態についてもふれています。

電子書籍

　最近は紙の書籍が出版されるとほぼ同じ時期に、電子書籍も合わせて出版されることが増えています。電子書籍の多くは専用端末だけでなくパソ

コンやスマートフォン、タブレット端末で読むことができるだけでなく、検索機能を備えているため、探したいキーワードがあれば瞬時にそのページを開くことができます。また、しおりの機能を備えており、紙の書籍で折り目をつけたりマーカーで印をつけるような使い方もできます。

一方で、紙の書籍のように人に貸したり社内で回覧するような使い方はできません。また、電子書籍を提供している会社のサービスが終了してしまった場合、購入した電子書籍を読めなくなってしまう、という可能性もあります。このため、DRM（デジタル著作権管理）という技術を使ったPDFで公開する出版社も増えています。

電子書籍は紙の書籍のように在庫切れになることもなく、一度作成すれば増刷をする必要もありません。自宅の書棚のスペースを占有することもないため、かさばらないだけでなく持ち運びも便利で、今後もその市場は広がっていくことが予想されています。

個人でもPDFやEPUBといった形式で作成すれば簡単に出版できるようになっているため、出版社を通さない出版もさらに広がってくるかもしれません。

技術書典

最近は同人誌の出版が話題になっており、コミックマーケットなどでも技術書が頒布されている場合があります。さらに、一気に拡大しているのが技術書典です。2018年10月に開催された技術書典5では来場者が1万人を突破しただけでなく、サークル出展者も大幅に増加しました。

100ページ程度の薄い本も多く、安価で気軽に購入できるのも特徴です。書店に並ぶ本と比べて、ニッチな内容も多く、興味のある技術に関する最新の内容を手に入れられます。

書店で販売されている本のように編集者がいるわけではなく、原稿のチェックや表紙のデザイン、紙面のレイアウトなどを担当してくれる人がいないため、内容については荒けずりなものが多い印象ですが、最初から最後まで1人で作ることで新たな発見があります。

プログラマであれば、自分が普段仕事で使っている環境や、個人的に興味をもっている技術などについて、同人誌を執筆、頒布するのも楽しいものです。自分で作った本が目の前で売れることは、他ではなかなか経験できないことではないでしょうか。

> **コラム 翻訳書**
>
> ソフトウェアに関する技術は、現状では海外の方が進んでいる分野も多く、英語の資料を読まなければならない場面はたくさんあります。そんな中、翻訳書があると、日本語で読めるためスムーズに理解できる人は多いでしょう。
>
> 実際、日本語以外の言語で書かれた本が日本語に翻訳して出版される事例は技術書にも多く存在します。それなりに売れている本でなければ翻訳されることもないため、海外で人気のある本だといえます。ただし、日本とは文化が異なるため、理解しがたい部分があったり、翻訳の内容によっては読みにくい文章があることも事実です。また、英語で出版されてから日本語に翻訳されるまでにはタイムラグがあるため、技術の内容によっては直接英語の本を探した方が良い場合もあります。

ここまででどんな種類の本があるかはだいたい網羅できたと思います。次では中身を見て書籍を選ぶポイントを解説します。

第6章 技術書の種類と選び方

6.4 技術書の中身

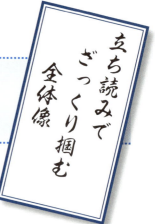
立ち読みでざっくり掴む全体像

> 書店で本を探すとき、どうやって選べばいいのかわからないかもしれません。このとき、必ず目を通してほしいのが「はじめに」と「目次」です。ここを見るだけで、その本に求める内容が書かれているかどうかをざっくりと把握できます。また、技術書ができるきっかけや執筆についてもふれています。

本の概要を把握する「はじめに」

　ほとんどの本の最初には「はじめに」や「まえがき」といったページがあります。ここを読むと、その本の目的やそのテーマが選ばれた時代背景、読者のターゲットなどが書かれています。書店で本を見比べるとき、本のタイトルや表紙だけではテーマやレベル感しか確認できないため、この「はじめに」をしっかり確認することが読み進めるにあたって重要です。

　自分が求めている内容が書かれているのか、自分のレベルが読者のターゲットとして合っているのか見えてきます。ここで興味が湧かなかったり、すでにわからなかったり、対象ではないとわかるようであれば、全体を読む必要はないと判断できます。

　また、書籍の冒頭に本を読むときに用意しておくべきプログラミング環境について書かれていることがあります。手元にあるパソコンなどの環境やプログラミング言語と違っていると、手を動かして確認することができないことも少なくありません。プログラミング言語の場合、バージョン違いにも注意が必要です。例えば、Pythonの場合は2系と3系では互換性がありません。他にも、最近ではクラウドを利用したり、大量の計算を前提としている書籍も増えていますので確認しておきましょう。

　なお、プログラミングに関する書籍であれば、サンプルコードが公開されていることがあります。このようなソースコードのサンプルをダウンロードして、読者が自分の環境で試すことができる場合もありますので、どのような形で配布されているのかを確認しておきましょう。このようなコード実行のサポートにGitHubを利用することが増えています。あらかじめGitHubのアカウントをとっておくことも必要な時代になっているかもしれ

ません。

目次に目を通す

詳しく内容を確認するためには目次にも目を通しましょう。似たような内容の本でも、その構成はまったく異なります。例えば、情報セキュリティについて解説している本でも、技術的な視点から解説している本とビジネス的な視点から解説している本では目次の構成が異なります。

そこで、目次を見ることで、どのような視点で書かれた本なのかが見えてきます。また、各章のページ配分を見ると、その本が読者に求めるレベルなども確認できます。

索引を活用する

1冊の本を前から順番に読み終えた後、もう一度必要なページだけを読み返したい場合があります。このとき、知りたいキーワードが登場するページにすぐに到達するためには索引を使うと便利です。

索引は多くの書籍で巻末に収録されており、アルファベット順、五十音順に並んでいます。知りたいキーワードとそのページ番号が書かれているため、索引を使うことで目的のページをすぐに開くことができます。

著者プロフィールを見て追体験する

多くの本では最後のページや書籍の袖部分などに著者のプロフィールが記載されています。経歴や肩書きが書かれているだけでなく、これまでにその著者が書いた本のタイトルが書かれていることが一般的です。

その本が読みやすかった場合、その著者の他の本を読んでみるのもいいでしょう。本を書いている著者が興味をもっている内容は、その本の読者にとって参考になることも少なくありません。順に読んでいくことで、著者が考えていることを追体験できるかもしれません。以下では、技術書が

作られるきっかけや、著者が行っていることを紹介します。

技術書ができるきっかけ

　多くの出版社は著者を探している、という話を聞いたことがある人も多いと思います。実際、書店に多くの本が並んでいる状況をみると、何冊も書いている著者だけでなく、新たに出版する人も多くいます。

　このような著者をどうやって探すのか、ということを考えてみます。シンプルに考えて、まったく文章を書いていない人に依頼するのは難しいと考えられます。書籍になるにはそれなりの文章の量を書く必要があり、途中で挫折する可能性もあります。本が出版に至らないと、出版社としてはまったく売上にならないため、ある程度書ける見込みが必要です。

　そこで、最近ではブログやセミナー／イベントへの登壇経験がある人が思い浮かびます。ブログをある程度続けていれば、文章の特徴やテーマが見えてきます。読みやすい文章が書けるのか、論理的に整理されているのか、売れるテーマであるのか、などの見込みを立てられます。セミナーで登壇している場合も、1〜2時間ほど話せる内容がある、ということはそれだけの専門性があることがわかります。

　編集者から著者へのアプローチ方法はいろいろ考えられますが、著者と編集者が出会えば、どのようなテーマで本を書くのか打ち合わせがはじまります。世の中で求められているテーマや、売れている類書があればスムーズにテーマが決まることもあります。また、著者が第一人者であるなど専門性が高い場合も決まりやすそうです。

　テーマは著者が提示することもありますが、多くの場合は編集者からの提案を改良することが多いように思います。編集者は書籍のプロであり、需要のあるテーマなどに常にアンテナを張っているため、売れるテーマに気づきやすいといえるでしょう。

書店に並ぶまでに著者がやること

　書籍を書くとき、執筆の方法はさまざまです。単著の場合は著者が自由に書き進められる場合もありますが、複数の著者による共著の場合は、バージョン管理が求められます。最近ではGitHubなどを使って進められる場合もあるようです。

　著者の仕事は原稿を書くだけではありません。編集者からの校正指示を確認し、その内容によって原稿を修正します。校閲による指摘が入ることもあります。文章の内容が固まると、編集者やデザイナーによって誌面にレイアウト（組版）された内容を確認します。本のタイトルや表紙などについては、基本的に編集者によって決められますが、意見を求められることがあります。

　完成が近づくと、宣伝することも必要でしょう。自身のWebサイトやSNSに投稿するだけでなく、リアルに会った人にも出版の報告をします。たくさん買ってもらうためには、多くの人に知らせる必要があります。最近ではSNSの広告を安価に出せることもあり、個人でも宣伝ができる環境が整ってきています。

　余裕があれば、POPを作成して書店をまわる準備をすることもあります。賛否ありますが、大型の書店などで、平積みされているような場合は、POPを受け取って飾っていただける書店もいくつかあります。

第6章 技術書の種類と選び方

6.5 本の選び方

売れている判断基準は巻末に

書籍が発売されると、何かと話題になるのが売上ランキングです。Amazonなどのインターネット上だけでなく、書店でのランキングや出版社でのランキングなど、さまざまなところで売れ筋商品のランキングが使われます。

新しい書籍が発売されたことを、SNSでの投稿やシェア機能で知る人は多いでしょう。また、書籍を選ぶときにレビューを参考にすることもあります。しかし、インターネット上の情報の中には「作られた」内容が含まれていることには注意しなければなりません。ここでは書籍を購入するときのポイントをいくつか挙げていきます。

オンライン書店でのランキング

　本を買うとき、街の書店（リアル書店）だけでなく、Amazonなどのオンライン書店を使う人も増えています。そして、このような書店では書籍の販売ランキングを公開しています。

　書籍が売れるとランキングが上がるため、このランキングによって「売れている」本を調べることもできます。しかし、売れている本が自分に合うとは限りません。あくまでも1つの参考として使うようにしましょう。

　また、ランキングの推移を調べることで、その分野の注目度を知ることにもつながります。ただし、一部の現役プログラマが待ち望んでいた書籍が発売されると、瞬間的にランキング上位に入ることがあります。こういった書籍は入門者が対象ではないことが多いです。

刷数

　書籍が売れているかを調べるとき、その本の刷数を確認する方法があります。多くの本では、書籍の最後のページに「第1版 第3刷」のように刷数が書かれています。この場合、初版の後で2回増刷されていることがわかります。

人気の本は当初の想定よりも多く売れるため、それだけ増刷されます。つまり、増刷された回数が多いということは、出版社の想像以上に売れているということです。また、増刷されるときには誤植などが修正されている場合がありますので、初版での間違いが減っているというメリットがあります。

POP

　書店によっては、本と一緒にPOPと呼ばれる販売促進用の広告が並べられている場合があります。目立つデザインで作成されていることが多く、その本の紹介やおすすめのポイントなどが書かれています。印象的なPOPを見ると、思わず手に取ってしまう人も多いのではないでしょうか？

　このPOPには、書店員さんが作成したものだけでなく、出版社が用意したものや、著者が作成したものなどがあります。書店員さんが作成したものは、その書店でしか見られないだけでなく、その書店が薦めたいと考えている本であり、注目して探したいものです。

　出版社が用意したものは、綺麗に印刷されたものが一般的で、本に書かれている内容の中で特にアピールしたい内容がコンパクトにまとめられています。著者が作成したものは、著者が店舗を訪問して書店員さんに渡しているもので、サイン入りの色紙や手書きの内容であることが一般的です。書籍の内容を凝縮した言葉が書かれているため、気になるPOPがあれば手に取ってみてはいかがでしょうか。私も書店を訪問したときに、平積みしていただいているような場合には、手書きのPOPをお渡ししてくることがあります。ぜひ探してみてください。

キャンペーンによる効果

　書籍が販売されたとき、それを知らせるために出版社や著者のサイト上で大々的に宣伝されます。当然、SNSなどでも情報が発信され、広告などによって多くの人に広がります。さらに、献本などにより著名人がブログ

などで取り上げると大きな話題になることがあります。場合によっては、購入したことを報告することで何らかの特典が得られるようなキャンペーンが行われることがあります。

このように、書籍の発売を知ってもらうために、さまざまな方法が使われます。ある意味では「作られた」情報だといえますので、参考にする程度にするのが良いかもしれません。

多くの人が参考にするレビュー

オンライン書店や書評サイトなどでは、レビューが掲載されています。非常に参考になる内容もあれば、まったく本の内容と関係のないレビューもあります。実際の書店であれば、ある程度中身を見てから選べるものの、オンライン書店ではレビューを判断基準にしている人も多いでしょう。

多くのレビューが投稿されていることはそれだけ読者がいる、ということを推測することはできますが、多くの人に読まれているからあなたに合うとは限りません。本の読者として想定されているレベルなど、人によって合う、合わないは異なるものです。

レビューだけを参考にするのではなく、できるだけ書店などで中身を見ることをおすすめします。

著者で本を選ぶ

小説などでも、同じ著者の本は必ず買う、という人がいます。これは技術書でも同じで、同じ著者が書いている本は文体も大きく変わることがなく、好みが合えば非常に読みやすいものです。

執筆している技術テーマが近いことも多く、1冊読むとその続編が出ていたり、その応用的な内容が出版されたりします。

出版社で本を選ぶ

　著者だけでなく、出版社で本を選ぶ方法もあります。新書や文庫の場合は、同じ出版社の本が同じ棚で並んでいることが一般的ですが、技術書の場合はバラバラであることが普通です。このため、技術テーマが異なればまったく違う棚にあることがほとんどです。

　同じシリーズの場合は表紙が似ていることも多く、少し見れば気づくこともあります。編集に関する方針や読者のレベルが同じことが多いため、自分に合うと思った本は、そのシリーズ本も見てみるといいでしょう。資格書に強い出版社、プログラミングに関する本が揃っている出版社など、出版社によって得意なジャンルがある場合もあります。書店で本を選ぶときに、出版社も気にかけてみてください。

さいごに

　ここでは、本を選ぶときのポイントとして、ランキング、刷数、レビュー、著者、出版社と解説してきました。本書では、プログラミング書籍を読めるようになるための最低限のキーワードを解説し、この章で本の選び方も紹介しました。キーワードを知っていれば、インターネットで検索してより深い知識を得ることも可能でしょうし、専門書をスムーズに読むみ進められるでしょう。

　ITに関するキーワードは次から次へと新しいキーワードが登場します。これまでに使われていた言葉と似た内容を指していても、新しい言葉と何が違うのか、その差を意識して確認することが大切です。

　プログラミングを学習するには、いろいろな要素が大切だと考えられますが、読者のみなさんが買って良かったと思える書籍に出会えることを願っています。

さくいん index

A-G

- Android ... 011
- API ... 089
- Application Programming Interface ... 089
- Cascading Style Sheets ... 117
- Character User Interface ... 032
- client ... 013
- Command Line ... 037
- Console ... 036
- Cookie ... 099
- CSS ... 117
- CUI ... 031
- Database Management System ... 125
- DBMS ... 125
- de facto standard ... 180
- DHCP ... 110
- DNS ... 113
- DNSサーバー ... 113
- Docker ... 177
- Domain Name System ... 113
- Dynamic Host Configuration Protocol ... 110
- git ... 169
- Graphical User Interface ... 031
- GUI ... 031

H-N

- HTML ... 116
- HTTP ... 118
- HTTPS ... 123
- HyperText Markup Language ... 116
- HyperText Transfer Protocol ... 118
- IDE ... 165
- IEEE ... 181
- IETF ... 183
- Institute of Electrical and Electronic Engineers ... 181
- Integrated Development Environment ... 165
- International Organization for Standardization ... 186
- Internet Engineering Task Force ... 181
- Internet Protocol version 4 ... 108
- Internet Protocol version 6 ... 110
- iOS ... 011
- IPv4 ... 108
- IPv6 ... 110
- IPアドレス ... 107
- ISO ... 186
- Japanese Industrial Standards ... 186
- JIS ... 186
- Mac ... 011
- MVC ... 083
- MVVM ... 086
- NAT ... 109
- Network Address Translation ... 109

O-Z

- Open Source Software ... 136
- Operating System ... 008
- OS ... 008
- OSI参照モデル ... 102
- OSS ... 136
- P2P ... 015
- Path ... 041
- Peer To Peer ... 015
- Protocol ... 102
- Queue ... 065
- RDBMS ... 126
- Relational Database Management System ... 126
- Request For Comments ... 184
- RFC ... 184
- Secure Socket Layer ... 123
- server ... 013
- Shell ... 036
- Sier ... 159
- SSL ... 123
- Stack ... 064
- Subversion ... 169
- TCP/IP ... 103
- Terminal ... 036
- TLS ... 123
- Transport Layer Security ... 123
- Unicode ... 028
- UTF-16 ... 028
- UTF-8 ... 028
- W3C ... 181
- Webアプリケーション ... 097
- Webエンジニア ... 160
- Webサーバー ... 014
- Webブラウザ ... 014
- Windows ... 010
- World Wide Web Consortium ... 181

あ

- アジャイル ... 141
- アドイン ... 173
- アドオン ... 173
- アプリケーションソフト ... 008
- 暗号化 ... 121
- 暗号文 ... 121
- インスタンス ... 073
- インストーラ ... 094
- インタプリタ ... 048

インフラエンジニア	157	スタック	064	標準化機関	180
ウェルノウンポート	107	スタンドアロンアプリ	093	ビルド	049
ウォーターフォール	140	双方向データバインディング	086	フォルダ	017
オープンソースソフトウェア	136	ソースコード	045	復号	121
鍵配送問題	122	ソフトウェア	004	プラグイン	173
オブジェクト指向	070			ブラックボックステスト	144

か

拡張子	019	ターミナル	036	フリーウェア	135
仮想マシン	176	抽象化	072	フリーソフト	135
拡張パック	173	定数	057	フレームワーク	078
拡張機能	173	ディレクトリ	017	プログラマ	153
型	053	データセンター	130	プログラミング	046
環境変数	040	データベース	125	プログラミングパラダイム	068
キャッシュ	098	テキストエディタ	165	プロトコル	102
キュー	065	テキストファイル	023	フロントエンドエンジニア	157
共通鍵暗号方式	121	デスクトップアプリ	093	分散管理方式	171
クライアント	013	テスト	143	勉強会	160
クライアントサーバーシステム	015	テストファースト	147	変数	058
クラウド	131	テスト駆動開発	147	ホスト名	112
クラス	072	手続き型	069	ポリモーフィズム	075
継承	074	デバッガ	165	ホワイトボックステスト	143
公開鍵	122	デバッグ	143		
公開鍵暗号方式	122	デファクトスタンダード	180	メールサーバー	014
国際標準化機構	186	電子証明書	123	文字コード	026
五大装置	005	日本工業規格	186	文字コード表	023
コマンドライン	037			文字列	061
コンソール	036	ネットワークエンジニア	156	モデル	084
コントローラ	085				
コンパイラ	048	バージョン	150	ライセンス	136
コンパイル	049	バージョン管理システム	170	ライブラリ	079

さ

		バージョン管理ソフト	169	リスト	060
サーバー	013	ハードウェア	004	リファクタリング	148
サーバーサイドエンジニア	156	バイナリファイル	023	リポジトリ	170
シェアウェア	135	配列	060	リリース	150
シェル	036	パス	041	リレーショナルデータベース	126
システムインテグレーター	159	パッケージ	079	リングバッファ	066
システムエンジニア	153	ピアツーピア	015		
システムコール	090	ビュー	084		
		秘密鍵	122		

さくいん 213

● 著者プロフィール
増井 敏克（ますい としかつ）

増井技術士事務所代表。技術士（情報工学部門）。情報処理技術者試験にも多数合格。ビジネス数学検定1級。
現在は「ビジネス」×「数学」×「IT」を組み合わせ、コンピュータを「正しく」「効率よく」使うためのスキルアップ支援や、各種ソフトウェアの開発、データ分析などを行っている。
著書に『おうちで学べるセキュリティのきほん』『プログラマ脳を鍛える数学パズル』『エンジニアが生き残るためのテクノロジーの授業』『もっとプログラマ脳を鍛える数学パズル』『図解まるわかりセキュリティのしくみ』（以上、翔泳社刊）、『シゴトに役立つデータ分析・統計のトリセツ』『プログラミング言語図鑑』『プログラマのためのディープラーニングのしくみがわかる数学入門』（以上、ソシム刊）などがある。

増井技術士事務所　https://masuipeo.com/

- 装丁・本文デザイン ……… 小川純（オガワデザイン）
- イラスト ……………… 柏原昇店
- DTP ………………… 安達恵美子
- 担当 ………………… 高屋卓也

基礎からの
プログラミングリテラシー
[コンピュータのしくみから技術書の
選び方まで厳選キーワードをくらべて学ぶ！]

2019年 5月 1日　初版　第1刷発行
2023年 4月22日　初版　第4刷発行

著者　　増井 敏克
発行者　片岡 巌
発行所　株式会社技術評論社
　　　　東京都新宿区市谷左内町 21-13
　　　　電話 03-3513-6150　販売促進部
　　　　　　 03-3513-6177　雑誌編集部
印刷／製本　昭和情報プロセス株式会社

- 定価はカバーに表示してあります。
- 本書の一部または全部を著作権法の定める範囲を超え、無断で複写、複製、転載、あるいはファイルに落とすことを禁じます。
- 造本には細心の注意を払っておりますが、万一、乱丁（ページの乱れ）や落丁（ページの抜け）がございましたら、小社販売促進部までお送りください。送料小社負担にてお取り替えいたします。

©2019　増井敏克
ISBN978-4-297-10514-3 C3055
Printed in Japan

● お問い合わせについて

本書に関するご質問は記載内容についてのみとさせていただきます。本書の内容以外のご質問には一切応じられませんので、あらかじめご了承ください。なお、お電話でのご質問は受け付けておりませんので、書面またはFAX、弊社Webサイトのお問い合わせフォームをご利用ください。

〒162-0846
東京都新宿区市谷左内町 21-13
株式会社技術評論社
『基礎からのプログラミングリテラシー』係
FAX 03-3513-6173
URL https://gihyo.jp

ご質問の際に記載いただいた個人情報は回答以外の目的に使用することはありません。使用後は速やかに個人情報を廃棄します。